建筑工程设计施工详细图集

基础工程

于晓音　郭　莉　吕凤梧　蒋宜翔　主　编

中国建筑工业出版社

本图集以现行施工规范、验收标准为依据，结合多年的施工经验，以图文形式编写而成，具有很强的实用性和可操作性。内容包括：地基基础施工、地下基础结构施工、深基础支护结构施工、地下工程结构构造与防水、施工用塔吊基础和栈桥结构施工及工程实例等。可供从事建筑设计、建筑施工、工程管理等专业人员使用，也可供本专业的大专院校师生学习参考。

* * *

责任编辑　郦锁林

图书在版编目（CIP）数据

建筑工程设计施工详细图集．基础工程/于晓音等主编．-北京：中国建筑工业出版社，2000.8
ISBN 7-112-04182-1

Ⅰ．建… Ⅱ．于… Ⅲ．①建筑工程-工程施工-图集②基础（工程）-工程施工-图集　Ⅳ．TU7-64

中国版本图书馆 CIP 数据核字（2000）第 38181 号

建筑工程设计施工详细图集
基 础 工 程
于晓音　郭　莉　吕凤梧　蒋宜翔　主　编

*

中国建筑工业出版社 出版、发行（北京西郊百万庄）
新 华 书 店 经 销
煤炭工业出版社印刷厂印刷

*

开本：880×1230毫米　横 1/16　印张：12 3/4　字数：400千字
2000 年 8 月第一版　2004 年 4 月第三次印刷
印数：8001—9200 册　定价：31.00 元
ISBN 7-112-04182-1
TU·3286（9527）

版权所有　翻印必究
如有印装质量问题，可寄本社退换
（邮政编码　100037）

前 言

土木工程施工领域的施工技术方案和施工组织设计文件的编制要求近几年来有了很大的提高，特别是在基础和地下工程施工中，新的基础形式、箱型基础的施工、深基坑的支护结构等问题都需要在施工技术方案中进行详细的设计。为了满足在工程第一线工程技术人员的应用需要，我们根据近年来的工程实践体会，编制了这本基础工程施工图集。图集围绕着常用的基础形式和与之相适合的施工临时支护结构这个主题，介绍了典型的图例，可为施工企业工程技术人员编制招投标文件和施工技术方案及施工组织设计文件时作为参考资料，也可为设计单位和高等学校教学作为参考用书。由于工程结构在实际工作时的外部条件各不相同，所以参照图集时，需遵循现行的规范进行设计验算。

本书由上海地下建筑设计院和同济大学的于晓音、郭莉、吕凤梧、蒋宜翔主编，熊诚、朱圣妤、徐伟、杨澄宇、宋康、阮永辉等编写了其中一部分内容，照片由徐伟拍摄。

由于编者水平有限，书中缺点错误在所难免，恳请读者批评指正。

目 录

一、地基与基础

地基基础施工要点	3
刚性基础	10
独立基础	11
柔性基础	12
柔性基础配筋表	13
独立基础、条形基础及基础连梁	15
条形基础及基础连梁详图	16
筏板及条形基础平面图	17
筏板基础剖面图	18
梁板式基础平面及桩位布置	19
基础梁详图	20
独立承台基础平面	21
单桩、二桩承台详图	22
三桩、四桩承台详图	23
五桩、六桩承台详图	24
七桩承台详图	25
独立桩承台	26
厚底板平面及桩位布置	28
试桩、锚桩详图	29
工程桩详图	31
预制桩（二截桩）	32

二、地下基础结构施工

地下基础结构施工要点	35
箱基底板平面图	37
箱基墙板配筋图	38
箱基顶板平面图	39
集水井详图	40
顶板、楼板、底板与墙板连接构造	41
梁、柱配筋构造	44
无梁楼盖平面图	45
无梁楼盖剖面图及柱帽构造	46
无梁楼盖柱帽构造	47
桩锚固节点	48
地下连续墙槽段间连接节点构造	50
地下连续墙标准槽段配筋图	53
地下连续墙转角槽段配筋图	54

三、深基础支护结构

深基础支护结构施工要点	59
钢筋混凝土围檩与支护壁连接构造	63
支护壁墙顶锁口梁节点	64
型钢支撑基坑支护	65
钢管支撑基坑支护	67
钢立柱节点	68

混凝土围檩、钢围檩连接节点 ………………………… 70	中埋式止水带 ………………………………………… 116
钢支撑与钢围檩连接正交节点 ………………………… 71	顶板或墙板止水带 …………………………………… 117
钢支撑与钢围檩连接斜交节点 ………………………… 72	外贴式止水带 ………………………………………… 118
钢支撑与钢围檩连接节点剖面 ………………………… 73	
钢支托节点 …………………………………………… 76	**五、施工用塔吊基础和栈桥结构**
钢板桩加水泥土搅拌桩及压密注浆止水 ……………… 77	施工用塔吊基础和栈桥结构施工要点 ………………… 121
钻孔灌注桩加水泥土搅拌桩止水 ……………………… 78	施工栈桥平面布置图 ………………………………… 123
钢筋混凝土支撑基坑支护 ……………………………… 79	施工栈桥结合支撑体系布置形式 ……………………… 125
钢筋混凝土支撑节点图 ………………………………… 80	施工栈桥剖面图 ……………………………………… 126
支护用钻孔灌注桩结构图 ……………………………… 88	基坑内布置塔吊示意图 ……………………………… 127
外墙竖向钢筋与原结构的连接构造 …………………… 89	基坑外塔吊布置图 …………………………………… 128
内墙竖向钢筋与原结构的连接构造 …………………… 90	支护结构上布置塔吊示意图 ………………………… 129

四、地下工程结构构造与防水

六、地下基础结构工程实例

地下工程结构构造与防水施工要点 …………………… 93	实例一 支护结构施工说明 ………………………… 133
地下室墙体洞口封填 …………………………………… 98	重力式挡墙桩位平面布置 ………………… 134
车坡道排水沟 …………………………………………… 99	重力式挡墙顶板平面 ……………………… 135
底板集水井 …………………………………………… 101	重力式挡墙基坑剖面 ……………………… 136
地下工程连接通道 …………………………………… 102	桩及支撑配筋详图 ………………………… 138
盾构衬砌构造与防水 ………………………………… 103	实例二 支护桩及止水帷幕平面图 ………………… 139
涂膜防水构造 ………………………………………… 104	支撑平面布置图 …………………………… 140
卷材搭接 ……………………………………………… 105	基坑剖面图 ………………………………… 141
衬砌纵缝防水构造图 ………………………………… 106	支护桩配筋 ………………………………… 142
衬砌环缝防水构造图 ………………………………… 107	实例三 支撑平面布置图 …………………………… 143
顶板防水 ……………………………………………… 108	支护桩平面布置 …………………………… 144
变形缝（两道止水带和可卸式止水带） …………… 110	基坑剖面图 ………………………………… 145
金属止水带 …………………………………………… 111	实例四 施工说明 …………………………………… 146
顶板变形缝和施工缝 ………………………………… 113	支护桩平面布置 …………………………… 147
底板变形缝及底板止水带 …………………………… 114	支撑平面布置 ……………………………… 148
墙板变形缝（附贴式止水带） ……………………… 115	基坑剖面 …………………………………… 149

	钻孔灌注桩配筋 …	150
	基坑最终开挖面 …	151
实例五	桩位平面布置图 …	152
	支撑平面布置图 …	153
	基坑剖面图 …	154
	支护桩配筋详图 …	155
	支撑配筋图 …	156
	立柱和立柱桩详图 …	157
实例六	支护桩平面布置 …	158
	支撑平面布置 …	159
	基坑剖面图 …	162
实例七	支护结构设计总说明 …	163
	支护结构平面布置图 …	165
	基坑剖面 A—A、B—B …	166
	基坑剖面 C—C、D—D …	167
	基坑剖面 E—E 及网片详图 …	168
实例八	支护桩平面布置 …	169
	搅拌桩顶板及支撑平面布置 …	170
	基坑剖面图 …	171
实例九	上海莱福士广场基坑施工现场 …	172
	上海火车站南广场地下车库施工 …	174
	上海浦项广场基坑施工 …	176
	上海爱俪园大厦基坑施工现场 …	178
	上海浦东民航大厦基坑施工 …	181
	上海万都大厦基坑施工 …	184
实例十	地下车库桩位布置图 …	188
	地下车库底板模板图 …	189
	地下车库底板配筋图 …	190
	地下车库顶板模板图 …	191
	地下车库顶板配筋图 …	192
	柱详图 …	193
	梁详图 …	195

一、地基与基础

地基基础施工要点

1. 地 基

（1）灰土地基

1）灰土的土料宜采用地基槽中挖出的土，不得含有有机杂质并且使用前应过筛，使其粒径不得大于 15mm。

2）熟石灰粒径不得大于 5mm，不得夹有生石灰或过多的水分，使用前应过筛。

3）灰土的配合比一般为 2:8 或 3:7。

4）基坑或基槽在铺灰土前要验槽，如果发现有局部软弱土层或孔洞，须挖除后用素土或灰土分层填实。

5）灰土施工中应适当控制其含水量，当水分过多或不足时应晾干或洒水湿润。

6）灰土每层铺设厚度由夯实机具种类和重量确定，每层灰土夯实遍数则根据设计要求的干密度在现场试验确定。

7）灰土分段施工时，不得在墙角、柱基及承重窗间墙下接缝，上下层接缝距离不得小于 500mm。

8）在地下水位以下施工时，应采取排水措施，夯实的灰土在 3d 内不得受水浸泡。雨天施工则需采取防雨及排水措施。

9）灰土的质量宜用环刀取样测定其干密度的方法，一般控制压实系数在 0.93～0.95 之间。如用贯入仪检查灰土的质量，应在现场进行试验以确定贯入度的具体要求。

（2）砂和砂石地基

1）砂和砂石地基所用材料宜为中砂、粗砂、砾砂、碎石、石屑或其他工业废粒料（须试验合格后方可使用），如用细砂，则应按设计要求加入一定量的碎石或卵石。

2）砂和砂石中不得含有有机杂质，如用作排水固结地基的材料还应满足含泥量不超过 3% 的要求。

3）碎石或卵石的直径不得超过 50mm。

4）基坑或基槽在铺筑前要验槽，填实地基范围内的所有孔洞。清除浮土，保证边坡稳定防止塌土。

5）砂和砂石地基宜铺在同一标高，如深度不同则基土面挖成踏步或斜坡搭接，施工按先深后浅的顺序进行。

6）分段施工时，接头应作成斜坡，每层错开 0.5～1m，并充分捣实。

7）砂和砂石地基的捣实应分层进行，每层的铺筑厚度按不同的捣实方法进行确定。分层厚度可用样桩确定。

8）砂和砂石地基的质量检查可用环刀取样测定其干密度的方法或贯入测定方法。贯入度以试验确定具体要求。

（3）碎砖三合土地基

1）碎砖三合土的配合比一般为 1:2:4 或 1:3:6（消石灰:砂或粘性土:碎砖）。

2）三合土所用的碎砖粒径应为 20～60mm，不得夹有杂物，砂或粘性土中不得夹有有机杂质。

| 图名 | 地基基础施工要点 | 图页 | 1—1 |

3）基坑或基槽在铺碎砖三合土前要验槽，坑槽内不得有积水和泥浆。

4）铺设前在坑槽壁分层标出样桩，铺设厚度第一层为220mm，其余层为200mm，每层应分别夯实至150mm。

5）碎砖三合土分层铺设至设计标高后，在最后一遍夯打时宜浇浓灰浆，浓灰浆略为晾干后上铺薄砂土或炉渣再夯平。表面平整度偏差不得大于20mm。

6）夯打完的碎砖三合土如果被雨水或积水破坏，可以在排水后重新浇浆夯打结实。

(4) 强夯地基

1）强夯法适用于砂土、含水量低于25%的杂填土地基，粘性土和粉性土也可采用，其余类型的土则要通过试验确定其处理效果。

2）当地下水位距地面2m以下且表层为非饱和性土时，可以直接进行夯击；当地下水位较高且表层为饱和性土或是农田耕植土时，可铺填0.5～2.0m的松散性材料如中（粗）砂、砂砾或工业废料等。

3）施工前必须查明所有施工范围内的地下构筑物和管线，并采取必要隔振措施，以免因强夯施工对它们造成损害。

4）强夯施工的机具要求为：

起重机宜选用起重能力在15t以上的履带起重机或其他专用设备，起吊高度为10～20m，起吊速度为0.2～0.4m/s，吊钩下落速度为1～3m/s。防止夯击时臂杆后仰。

夯锤宜用圆柱形，锤重8～20t，落距不宜小于6m。

落锤宜采用自动脱钩，自动脱钩要有足够强度，且施工灵活。

5）加固区周围应设置排水沟，若加固区边长大于30m，在中间设置网格形排水沟，最大排水距离为15m。

6）夯击技术参数为：

夯击数一般为3～10击，夯击数应符合土的体积竖向压缩最大而侧向移动最小，最后两击沉降量或最后两击沉降量之差小于试夯确定的数值。

夯击遍数一般为2～5遍。

两遍之间的间隙时间一般为1～4周，如果地下水位较低或地质条件较好则可以连续夯击。

平均夯击能一般砂土取50～100t·m/m²，粘性土可取150～300 t·m/m²。

7）强夯施工前要进行试夯，施工中必须按照试验确定的技术参数进行，以夯击数或夯击沉降量作为施工控制数值。

8）每夯击完成一遍后，应测量场地平均沉降量，用土将夯坑填平后方可进行下一遍夯击。最后一遍的场地平均沉降量必须符合要求。

9）雨天施工应先将积水排除后方可夯击，冬期施工应先将冻土击碎方可施工。

10）强夯施工一般可以采用标准贯入、静力触探或轻便触探等方法进行验收。一般每个建筑物地基的检测点数不少于3个。检测的位置和深度按设计要求确定。

(5) 预压地基

1）预压法分为堆载预压和真空预压两类，堆载预压适用于淤泥质土、淤泥和冲填土等软土地基，真空预压适用于能在加固区形成（包括采取措施后）稳定负压边界条件的软土地基。

2）所处理地基应先通过工程勘察查明土层在水平和竖直方向上的分布和变化、透水层的位置和厚度、颗粒级配及水源补给条件等。

3）制作砂井的砂宜用中、粗砂，含泥量不得大于3%。

4）砂井的灌砂量应按井孔的体积和砂在中密时的干密度计算，其实际灌砂量不得小于计算值的95%。

5）袋装砂井施工所用的钢管内径宜略大于井径，以减少施工过

| 图名 | 地基基础施工要点 | 图页 | 1—2 |

程对地基土的扰动。

6）袋装砂井或塑料排水带施工时，平面井距偏差不大于井径，垂直度偏差宜小于 1.5%。

7）塑料排水带需要接长时，应采用滤膜内芯板平搭接的连接方式，搭接长度宜大于 200mm。

8）预压之前应按设计要求设置垂直沉降观测点、水平位移观测桩、测斜仪以及孔隙水压力计。

9）加载应分级进行，每天沉降控制在 10～15mm，边桩水平位移控制在 4～7mm，孔隙水压力系数 $u/p \leq 0.6$。

10）地基预压到规定要求后，方可分期分级卸载，且继续观测地基沉降和回弹情况。

（6）砂桩

1）砂桩适用于软土、人工填土和松散砂土的挤密加固地基。

2）砂桩用砂含泥量不得大于 5%，含水量应符合下列要求：

在饱和土中施工时采用饱和状态；

在非饱和的并能形成直立的桩孔孔壁的土层中，用捣实法施工时，采用 7%～9%。

3）砂桩成孔宜采用振动沉管或锤击沉管的方法，振动沉管时宜用活瓣式桩靴。

4）砂桩的施工顺序为：

对砂性地基应由外围或两侧向中间进行，以挤土为主的砂桩宜间隔成柱；

对淤泥质粘性土地基应由中间向外围或隔排进行施工；

在已有建筑物或构筑物附近施工，应背离其方向进行施工；

在路堤或岸坡上施工应背离岸坡方向和向坡顶方向进行施工。

5）施工时桩位水平偏差不应大于 0.1 倍工具套管外径，工具套管插入土中垂直偏差不应大于 1%，成桩直径不应小于设计桩径的 5%，并不应大于设计桩径的 10%，成柱长度不应小于设计桩长 100mm。

6）桩身和桩间土的质量都可以采用标准贯入或轻便触探进行检验，也可以用锤击法检查其密实度和均匀性。

（7）振冲地基

1）振冲适用于松散砂土的挤密加固地基。

2）振冲施工机具要求为：

起重机的起重能力一般为 8～15t；

水泵及供水管道的供水压力宜大于 0.5MPa，供水量宜大于 20m³/h。

其他设备要符合施工要求。

3）施工前通过现场试验确定以下参数：成孔施工合适的水压、水量、成孔速度、填料方法、达到土体密实度时振冲器电机的电流控制值以及需要的加固时间。

4）振冲施工的填料最大粒径不宜大于 50mm，含泥量不宜大于 10%，且不得含有粘土块。

5）振冲造孔的方法可以选用排孔法、跳打法和围幕法。造孔时水压一般保持在 0.3～0.8MPa，振冲器的贯入速度一般为 1～2m/min，每贯入 0.5～1.0m，宜悬留振冲 5～10s 扩孔，待孔内泥浆溢出时再继续贯入。当造孔接近加固深度时，振冲器应在孔底适当停留并减少射水压力。

6）振冲施工的孔位偏差应符合下列规定：

施工时振冲器尖端喷水中心与孔径中心的偏差不得大于 50mm；

振冲造孔后，成孔中心与设计定位中心的偏差不得大于 100mm；

完成后的桩顶中心与定位中心的偏差不得大于 0.2D（D 为桩孔直径）。

7）振冲造孔的检验可以采用荷载试验、标准贯入、静力触探

| 图名 | 地基基础施工要点 | 图页 | 1—3 |

及土工试验等方法进行检验，砂性土宜在完成后半个月后进行检验，粘性土宜在完成后一个月后进行检验。

(8) 旋喷地基

1) 旋喷适用于砂土、粘性土、湿陷性黄土及人工填土地基的加固。

2) 根据工程情况和机具条件，旋喷地基可以采用单管法、二重管法和三重管法。

3) 旋喷施工可用射水、锤击或振动等方法直接将旋喷管置入要求深度，也可以先用钻机钻出100~200mm的孔，再将旋喷管插入至孔底，由上而下进行旋喷施工。

4) 喷射的水泥浆其水灰比为1.0~1.5，并根据需要加入外加剂。

5) 旋喷施工前应将钻机定位安放平稳，旋喷管的允许倾斜度不得大于1.5%。

6) 旋喷管进入预定深度后，应先进行试喷。施工过程中如果遇到问题应立即停止提升旋喷，排除故障后复喷。

7) 二重管法和三重管法施工中，必须保持高压水泥浆、高压水及压缩空气各管路系统不堵、不漏、不串。

8) 旋喷体深度、直径、抗压强度和透水性等应符合设计要求，旋喷地基的质量检验可以采用钻机取样、标准贯入、平板荷载试验及开挖检查等方法进行。

2. 桩 基 础

(1) 一般规定

1) 在打桩地区附近设置至少2个水准点，其位置不受打桩影响，桩基和板桩的轴线则从基准线引出。

2) 桩基和板桩的轴线允许偏差不得超过20mm，单排桩的轴线允许偏差不得超过10mm。

3) 桩基和板桩轴线的控制桩应设在不受打桩影响的地方并妥善保护，施工中对轴线要定期作系统检查，每10天不少于1次。

4) 打桩前先进行场地平整及高空和地下障碍物的处理，桩机移动范围内应考虑垂直空间要求和地面承载力要求。

5) 打桩锤重应根据工程地质条件、桩的类型和结构、桩的密集程度以及施工条件综合考虑，且宜重锤轻击。

6) 桩基施工前应作打桩或成孔试验（数量不少于2根），以检验设备和工艺是否符合要求。

7) 当附近有建筑物或构筑物时，宜通过开挖防震沟、打隔离板桩或砂井排水等方法进行隔震。尽量采用预钻取土打桩或钻孔灌注桩。

8) 在软土地基上施工密集桩群时，应根据具体情况采取砂井排水、井点降水、盲沟排水、预钻取土及控制打桩速度等方法减少桩的变位。

9) 打桩的控制原则是：

当桩尖位于硬粘土、碎石土、中密以上砂土或岩土等土层时，以贯入度控制（贯入度应由试桩确定）为主，桩尖标高或桩尖进入持力层的深度为辅。

当桩尖位于其他土层时，以桩尖设计标高为主，贯入度控制为辅。

贯入度已经达到而桩尖标高未达到时，应连续锤击三阵，每阵十击的平均贯入度不得大于规定的数值。

打桩时如果控制指标已达到要求，而其他指标与要求相差较大时，则会同有关单位研究解决。

10) 制定合理的基坑开挖顺序和施工技术，以防止基坑开挖过程造成桩的位移和倾斜。

(2) 钢筋混凝土预制桩

| 图名 | 地基基础施工要点 | 图页 | 1—4 |

1) 钢筋混凝土预制桩应在设计强度达到70%时方可起吊，设计强度达到100%时方可运输和打桩。钢筋混凝土预制桩如果采用锤击法沉桩时，还需满足龄期不少于28d的要求。

2) 桩在起吊和搬运时吊点要符合设计要求，堆放时垫木位置与吊点位置相同且在同一平面上，重叠层数一般不宜超过4层。

3) 打桩前在桩的侧面或桩架上设置标尺，以确定打桩深度。

4) 打桩时桩帽或送桩帽与桩的间隙为5～10mm，桩锤、桩帽和桩身在同一中心线上，桩或桩管插入时的垂直偏差不得超过0.5%。

5) 打桩顺序为：先深后浅；先大后小；先长后短。打桩方向宜由中间向两个方向对称进行或由中间向四周进行或由一侧向单一方向进行。

6) 水冲法打桩适用于砂土和碎石土，当水冲至最后1～2m时应停止并再锤击至预定标高。

7) 当在冻土地区打桩有困难时，可以先将冻土挖除或解冻。如用电热法解冻，则须切断电源后才能打桩。

8) 开始打桩时应取较小的落距，待桩入土一定深度且稳定后落距恢复正常，用落锤或单动汽锤打桩时，落距最大不宜大于1m，用柴油锤则应使锤跳动正常。

9) 当遇到贯入度剧变，桩身突然倾斜、移位或严重回弹以及桩顶或桩身出现严重裂缝或破碎情况时，应暂停打桩，会同有关单位及时处理。

10) 桩的最后贯入度应在下列条件下测量：

锤落距符合规定；

桩帽和弹性垫层等正常；

锤击没有偏心；

桩顶没有破坏或破坏处已凿平。

11) 如果采用静力压桩（适用于软弱土层）应符合下列规定：

压桩机要有配足额定的总重；

插桩偏差不得超过0.5%；

桩帽、送桩和桩身在同一中心线上；

压同一根桩应连续施工各工序并作好记录。

12) 初压时桩身发生较大幅度移位或倾斜，桩身压入时发生突然下沉或倾斜，以及桩顶混凝土破坏或压桩阻力剧变时应暂停压桩，及时会同有关单位研究解决。

13) 如果采用接桩则：焊接接桩和法兰接桩适用于各类土层，硫磺胶泥锚接桩适用于软弱土层。

14) 当桩贯穿的土层中有较厚的砂土时，在确定单桩分节长度时宜避免在沉桩过程中桩端停留在砂土层中进行接桩。

15) 焊接接桩时，钢板宜用低碳钢，焊条宜用E4303；法兰接桩时，钢板和螺栓宜用低碳钢；硫磺胶泥锚接桩时，硫磺胶泥配合比应按试验决定。

16) 接桩节点处理应符合以下规定：焊接接桩上下桩之间间隙应用铁片填实焊牢，桩间焊缝连续饱满，应采用多层焊，每层焊接接头要错开，焊渣应清除，并采取措施减少焊接变形。法兰接桩上下桩之间宜用石棉或纸板衬垫，拧紧螺帽后锤击数次再拧紧并焊死。硫磺胶泥锚接桩时节点的平面和锚筋孔内要灌满硫磺胶泥，且灌注时间不得超过2min。

17) 接桩上下桩的中心线偏差不得大于10mm，节点弯曲矢高不得大于1/1000桩长。

18) 每根桩施工完毕后，桩孔要及时填实或覆盖，以保证安全。

（3）钢管桩

1) 制作钢管桩的材料和偏差应符合要求，并有合格证。

2) 钢管桩的分段可以参考混凝土预制桩的分段要求，一般不宜大于15m。

| 图名 | 地基基础施工要点 | 图页 | 1—5 |

3）用钢管桩地区的地下水有腐蚀性时，钢管桩应按设计要求进行防腐蚀处理。

4）钢管桩焊接除要符合混凝土预制桩焊接的要求外，还应符合下列规定：

上下节桩对口的间隙为2~4mm；

焊接定位点和施焊要对称进行；

导向圈的焊缝质量要与钢管桩相同；

当气温在0℃以下时，应将焊缝上下各10cm处预热，当气温低于-10℃时不宜焊接。

5）接桩焊缝外观的偏差应符合下面的规定：

上下节桩错口，当外径≥700时为3mm；
当外径＜700时为2mm；

咬边深度为5mm；

加强层高度为2mm；

加强层宽度为3mm。

6）钢管桩打桩时除了要符合混凝土预制桩施工要求中第4条、第5条以及第18条的规定，还需符合下列规定；

插桩、打桩及接桩时应严格控制桩的垂直度，以防桩管变形；

打桩过程中若发现桩顶有变形，应及时修复。

7）钢管桩焊接质量除了对每个接头做好外观检查外，还应按接头总数的5%做超声波检查，按接头总数的2%做X射线拍片检查。

8）基坑开挖到设计标高后，钢管桩顶应按设计要求切割整修，并焊钢帽盖，直径为400mm、600mm、900mm的桩顶管口标高容许偏差为+10~-5mm，其桩顶平面容许偏差分别为不大于5mm、8mm和10mm。

(4) 钻孔灌注桩

1）施工前应做好场地的平整工作，对不利于施工机械运行的松软场地应进行适当处理。如在雨季施工，必须采取有效的排水措施。

2）施工前应复核测量基线、水基准点及桩位。桩基轴线的定位点及施工地区附近所设的水准基准点应设置在不受桩基施工影响处。

3）施工前必须试成孔，数量不得少于两个，以便核对地质资料，检验所选的设备、施工工艺以及技术要求是否适宜；如出现缩颈、坍孔、回淤、贯入度（或贯入速度）不能满足设计要求时，应拟定补救技术措施，或重新考虑施工工艺。

4）在建筑物旧址或杂填土地区施工时，应预先进行钎探，并将探明在桩位处的浅埋旧基础、石块、废铁等障碍物挖除，或采取其他处理措施。

5）成孔的控制深度应符合下列要求：

对于摩擦桩，必须保证设计桩长，当采用沉管法成孔时，桩管入土深度的控制以标高为主，并以贯入度（或贯入速度）为辅；

对于端承桩，当采用钻、挖、冲成孔时，必须保证桩孔进入硬土层达到设计要求的深度，并将孔底清理干净；当采用沉管法成孔时，桩管入土深度的控制以贯入度（或贯入速度）为主，与设计持力层标高相对照为辅。

6）桩位偏差，轴线和垂直轴线方向均不宜超过50mm。垂直度偏差不宜大于0.5%。

7）钻孔灌注桩桩底沉渣不宜超过200mm；当用作承重结构时，桩底沉渣按《建筑桩基技术规范》（JGJ94—94）要求执行。

8）排桩宜采取隔桩施工，并应在灌注混凝土24h后进行邻桩成孔施工。

9）非均匀配筋排桩的钢筋笼在绑扎、吊装和埋设时，应保证钢筋笼的安放方向与设计方向一致。

10）钢筋笼的直径除了要符合设计要求外，还需符合下列规定：

对于沉管成孔，钢筋笼的外径至少比桩管内径小6cm；

图名	地基基础施工要点	图页	1—6

对于用导管灌注水下混凝土的桩，钢筋笼的内径应比导管连接处的外径大10cm以上。

11) 钢筋笼的制作偏差应符合下列规定：
    主筋间距　　　　　　　　±10mm
    箍筋间距　　　　　　　　±20mm
    钢筋笼直径　　　　　　　±10mm
    钢筋笼长度　　　　　　　±100mm

12) 钢筋笼保护层的偏差应符合下列规定：
    水下灌注混凝土的桩　　　±20mm
    非水下灌注混凝土的桩　　±10mm

13) 灌注桩的充盈系数不得小于1，一般土质为1.1，软土为1.2～1.3。

14) 冠梁施工前，应将支护桩桩顶浮浆凿除清理干净，桩顶以上出露的钢筋长度应达到设计要求。

15) 混凝土灌注桩质量检测宜按下列规定进行：
    采用低应变动测法检测桩身完整性，检测数量不宜少于总桩数的10%，且不得少于5根；
    当根据低应变动测法判定的桩身缺陷可能影响桩的水平承载力时，应采用钻芯法补充检测，检测数量不宜少于总桩数的2%，且不得少于三根。

16) 当气温在0℃以下灌注混凝土时，应对混凝土采取加热保温措施，在桩顶混凝土强度未达到50%设计强度之前不可受冻。在冻胀土、膨胀土地区施工混凝土灌注桩时还需作好防冻胀、防膨胀的处理。

3．大体积基础承台施工

(1) 大体积基础承台施工应在采取有效技术措施条件下一次浇注，不设或尽量不设施工缝和后浇带，以增加底板的抗渗性、整体性和便于施工。

(2) 基础承台采用商品混凝土且一次浇注的混凝土量比较大时，应防止因水泥水化热在混凝土内形成不均匀温度分布和降温差以及混凝土收缩产生的裂缝。必要时在混凝土表面增设直径较细、间距较小的构造抗裂钢筋。

(3) 大体积混凝土的配合比应优化，尽量选用大直径骨料，严格控制含泥量，采用双掺技术即掺减水剂和粉煤灰，确定合理的坍落度（入模时一般为12±2cm）和缓凝时间（一般6h以上），并注意外掺剂和外掺料对混凝土坍落度和可泵性的影响。如UEA等膨胀剂在夏季对混凝土坍落度的影响非常显著，所以在掺入前一定要做试验。

(4) 为了减少单位体积的水泥用量，混凝土的设计强度可以在有可靠试验依据并征得设计单位的同意的条件下采用混凝土的后期强度。

(5) 基础承台混凝土宜用中、低水化热的水泥拌制，以减少单位体积的水化热量。

(6) 混凝土的养护应采用保温、保湿及缓慢降温的技术措施，在厚度大于3m时宜设冷却管，要避免寒潮袭击和剧烈干燥。

(7) 采取温度监测，以控制混凝土中心与表面的温差或混凝土内部与冷却水的温差在25℃（经验丰富的施工单位可以放宽到30℃）以内。

(8) 对超长、结构复杂的基础承台，也可以采用分仓浇注，间隙时间在15d以上的施工方法。施工缝应保证有良好的防水措施。

(9) 基础承台混凝土浇注过程中要采取措施，降低混凝土的入模温度，控制坍落度的波动，不得加水，并要振捣密实。

| 图名 | 地基基础施工要点 | 图页 | 1—7 |

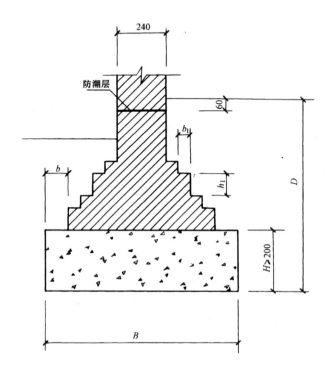

混凝土

说明：适用于五层及五层以下的民用建筑或单层、多层轻型厂房的承重墙基。

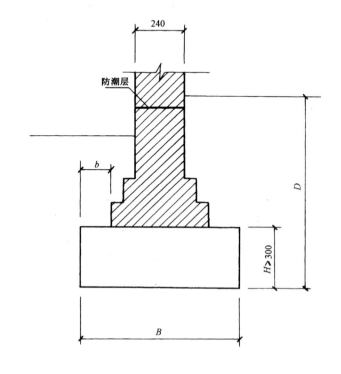

石灰三合土

说明：适用于四层以下的一般民用建筑及单层轻型厂房的承重墙基。

| 图名 | 刚 性 基 础 | 图页 | 1—8 |

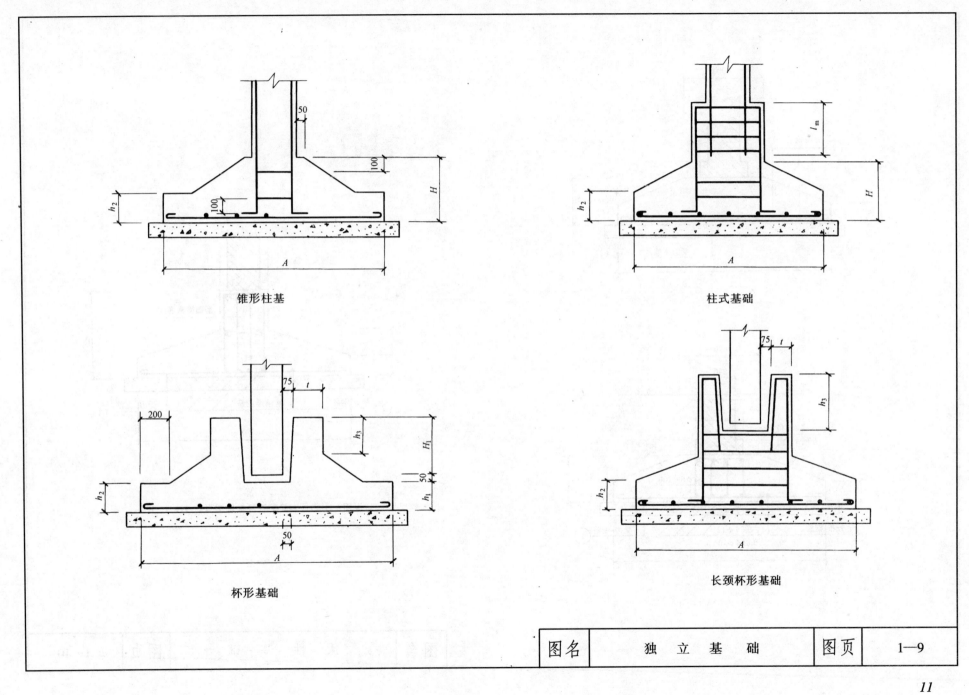

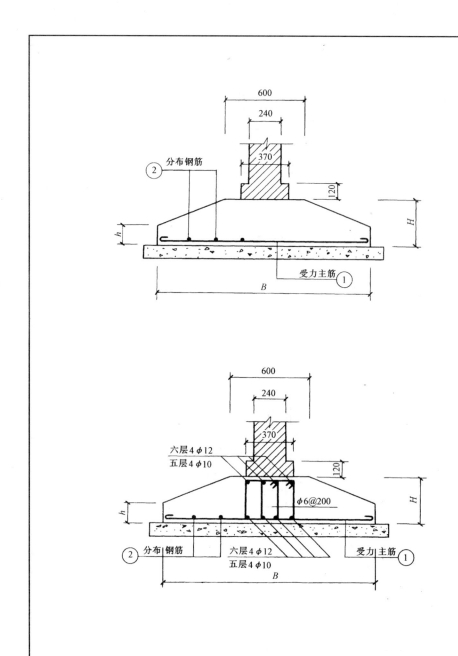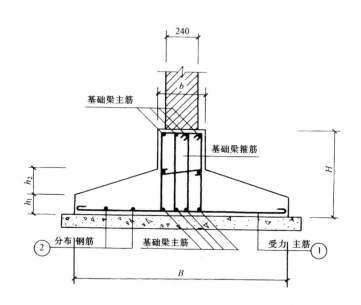

说明：①②号钢筋配置可参见图页1-11、1-12。

| 图名 | 柔 性 基 础 | 图页 | 1—10 |

配筋 f_d (kPa) 基础尺寸(mm)			60		70		80		90	
B	h	H	①	②	①	②	①	②	①	②
1000	150	250	φ8@150	φ6@200	φ8@150	φ6@200	φ8@150	φ6@200	φ8@150	φ6@200
1200	150	250	φ8@150	φ6@200	φ8@150	φ6@200	φ8@150	φ6@200	φ8@150	φ6@200
1400	150	250	φ8@150	φ6@200	φ8@150	φ6@200	φ8@140	φ6@200	φ8@125	φ6@200
1500	150	250	φ8@150	φ6@200	φ8@140	φ6@200	φ8@120	φ6@200	φ8@100	φ6@200
1600	150	250	φ8@140	φ6@200	φ8@120	φ6@200	φ8@100	φ6@200	φ10@130	φ6@200
1800	150	300	φ8@130	φ6@200	φ8@110	φ6@200	φ10@140	φ6@200	φ10@125	φ6@200
2000	150	300	φ10@150	φ6@200	φ10@125	φ6@200	φ10@110	φ6@200	φ10@100	φ6@200
2200	150	350	φ10@140	φ6@200	φ10@120	φ6@200	φ10@100	φ6@200	φ12@130	φ6@200
2400	200	400	φ10@130	φ6@200	φ10@110	φ6@200	φ10@100	φ6@200	φ12@120	φ8@200
2500	200	400	φ10@120	φ6@200	φ10@100	φ6@200	φ12@125	φ6@200	φ12@110	φ8@200
2600	200	400	φ10@110	φ6@200	φ12@130	φ6@200	φ12@110	φ8@200	φ12@100	φ8@200
2800	200	450	φ12@150	φ6@200	φ12@130	φ6@200	φ12@110	φ8@200	φ12@100	φ8@200
3000	250	500	φ12@140	φ6@200	φ12@125	φ6@200	φ12@100	φ8@200	φ14@125	φ8@200
3200	250	500	φ12@125	φ6@200	φ12@100	φ8@200	φ14@120	φ8@200	φ14@100	φ8@200

说明：1. f_d——地基承载力设计值（kPa）；

2. 本表格中配筋值适用于基础混凝土强度等级为 C20。

| 图名 | 柔性基础配筋表(一) | 图页 | 1—11 |

配筋 基础尺寸(mm)			f_d (kPa) 100		110		120		130	
B	h	H	①	②	①	②	①	②	①	②
1000	150	250	φ8@150	φ6@200	φ8@150	φ6@200	φ8@150	φ6@200	φ8@150	φ6@200
1200	150	250	φ8@150	φ6@200	φ8@150	φ6@200	φ8@140	φ6@200	φ8@125	φ6@200
1400	150	250	φ8@110	φ6@200	φ8@100	φ6@200	φ10@140	φ6@200	φ10@125	φ6@200
1500	150	250	φ10@140	φ6@200	φ10@125	φ6@200	φ10@110	φ6@200	φ10@100	φ6@200
1600	150	250	φ10@120	φ6@200	φ10@110	φ6@200	φ10@100	φ6@200	φ12@125	φ6@200
1800	150	300	φ10@110	φ6@200	φ10@100	φ6@200	φ12@125	φ6@200	φ12@110	φ8@200
2000	150	350	φ12@140	φ6@200	φ12@130	φ6@200	φ12@120	φ8@200	φ12@110	φ8@200
2200	150	350	φ12@110	φ8@200	φ12@100	φ8@200	φ14@120	φ8@200	φ14@110	φ8@200
2400	200	400	φ12@110	φ8@200	φ12@100	φ8@200	φ14@120	φ8@200	φ14@110	φ8@200
2500	200	400	φ14@130	φ8@200	φ14@120	φ8@200	φ14@110	φ8@200	φ14@100	φ8@200
2600	200	450	φ12@100	φ8@200	φ14@125	φ8@200	φ14@110	φ8@200	φ14@100	φ8@200
2800	250	500	φ12@100	φ8@200	φ14@110	φ8@200	φ14@100	φ8@200	φ14@100	φ8@200
3000	250	500	φ14@100	φ8@200	φ16@125	φ8@200	φ16@110	φ8@200	φ16@100	φ8@200
3200	250	500	φ16@110	φ8@200	φ16@100	φ8@200	⌴14@100	φ8@200	⌴16@100	φ8@200

说明：1. f_d——地基承载力设计值(kPa)；

2. 本表格中配筋值适用于基础混凝土强度等级为 C20。

图名	柔性基础配筋表(二)	图页	1—12

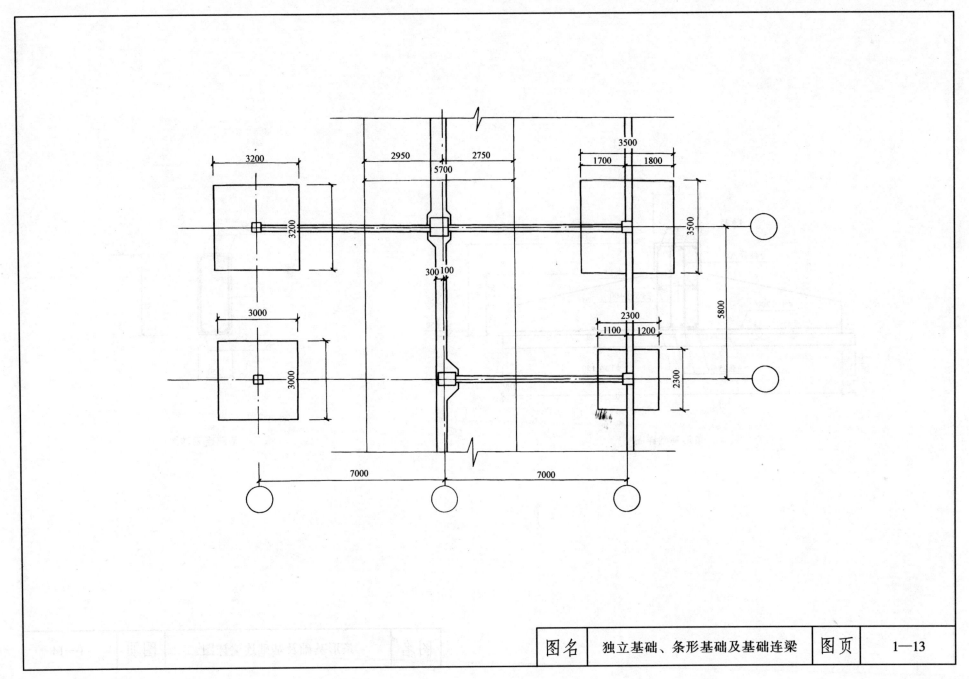

| 图名 | 独立基础、条形基础及基础连梁 | 图页 | 1—13 |

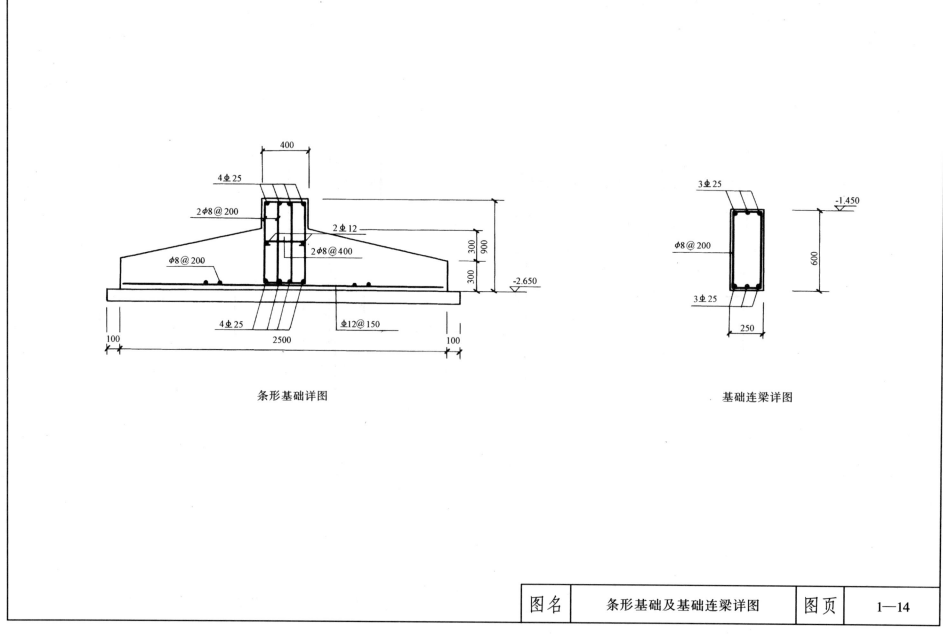

条形基础详图

基础连梁详图

| 图名 | 条形基础及基础连梁详图 | 图页 | 1—14 |

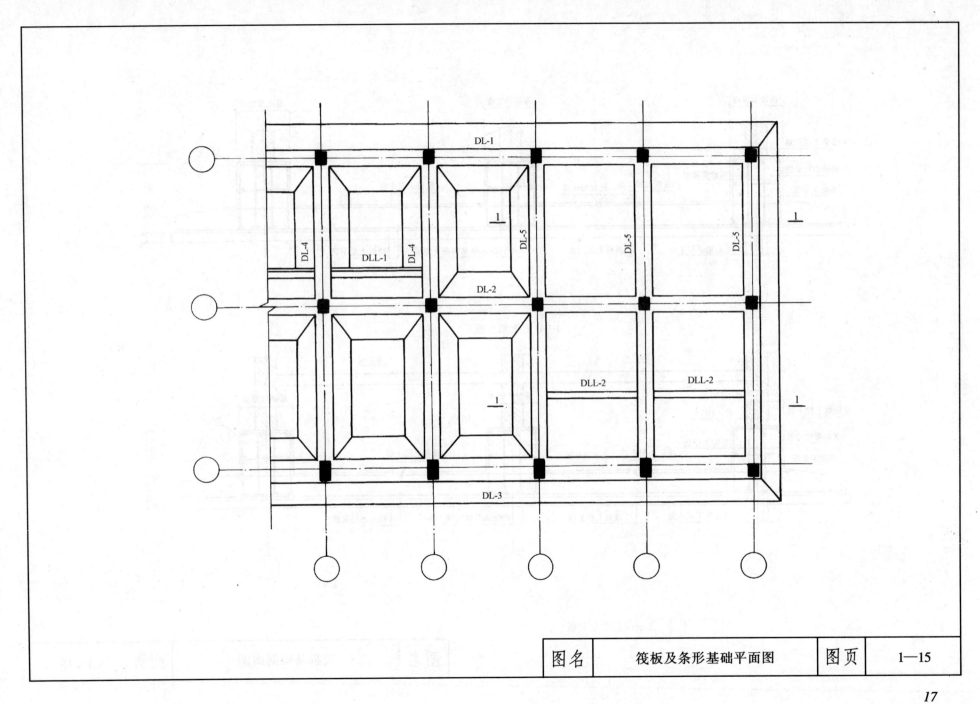

筏板及条形基础平面图　1—15

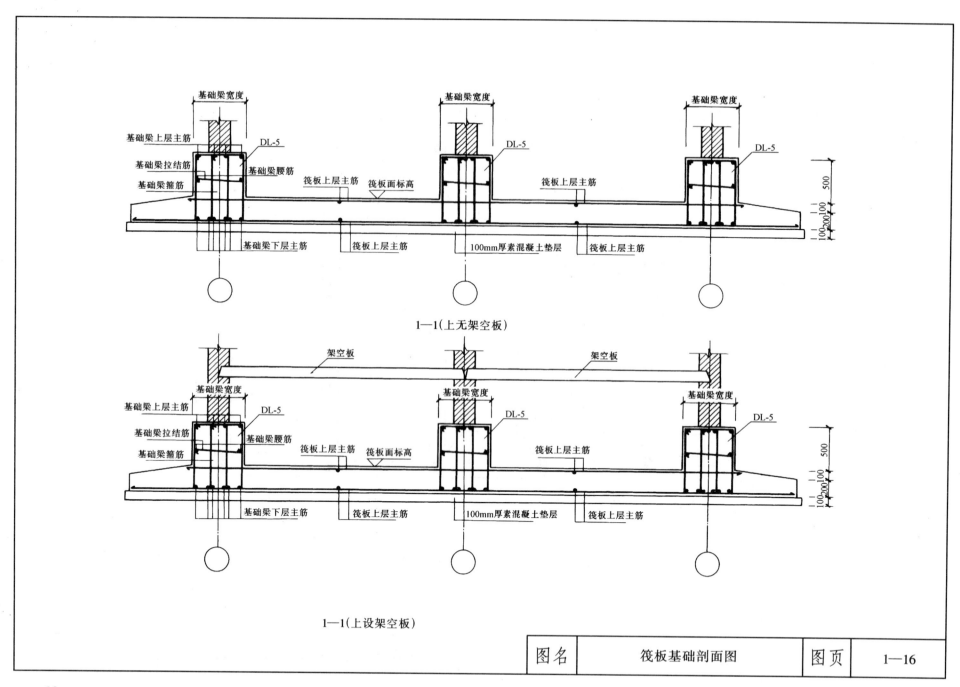

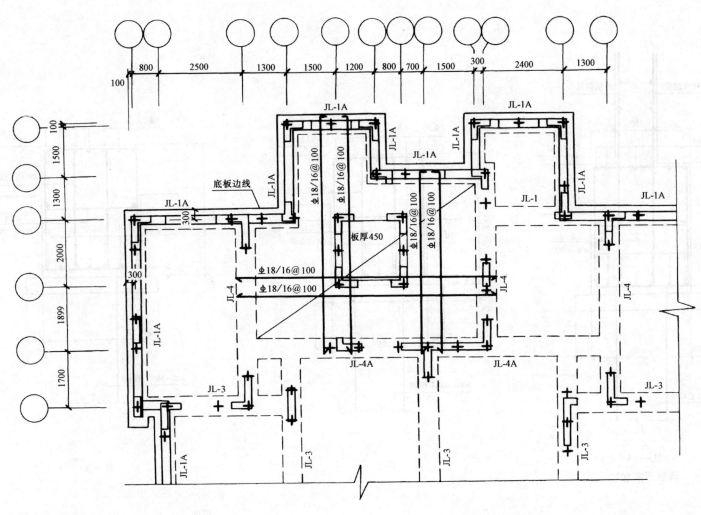

说明：
1. 除特别注明外，基础底板厚300mm，板顶标高-3.150，配筋 $\phi 18@200$，双向双层；
2. 桩顶锚入基础梁50mm；
3. 本工程采用300mm×300mm钢筋混凝土方桩。

| 图名 | 梁板式基础平面及桩位布置 | 图页 | 1—17 |

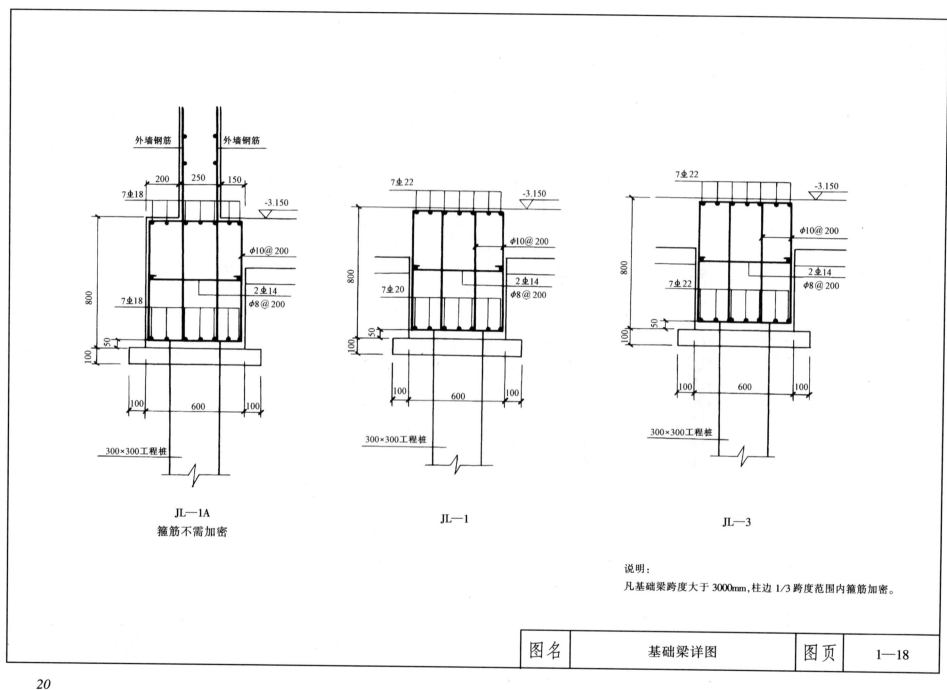

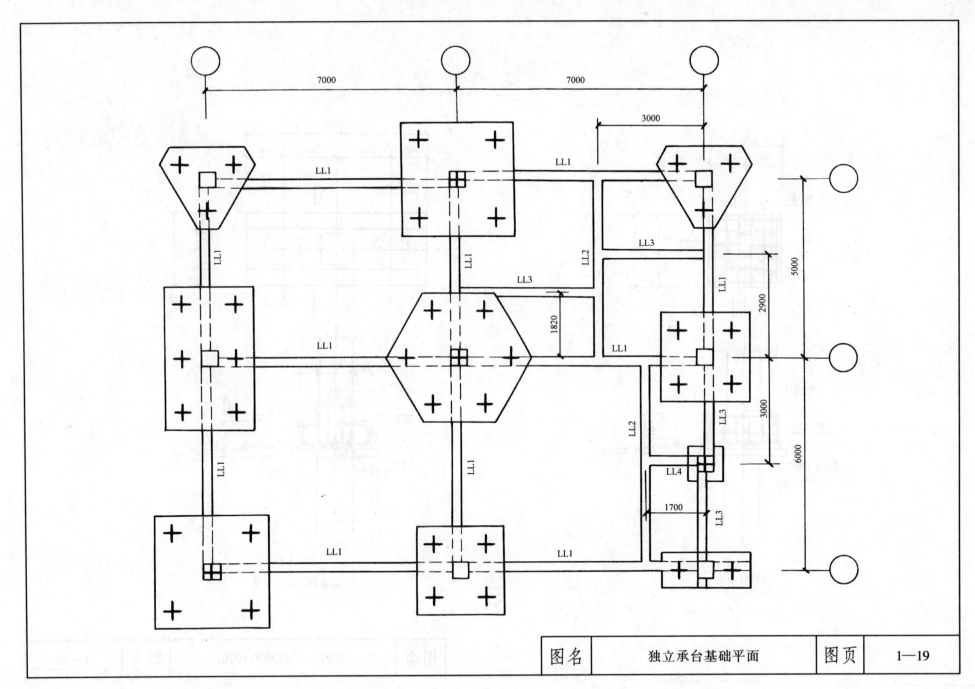

独立承台基础平面 1—19

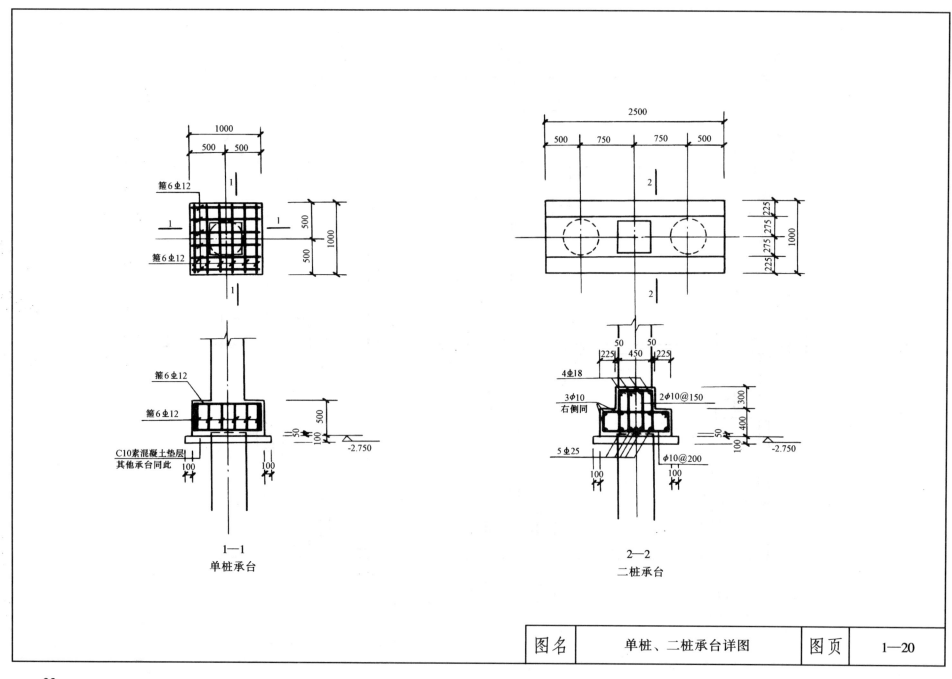

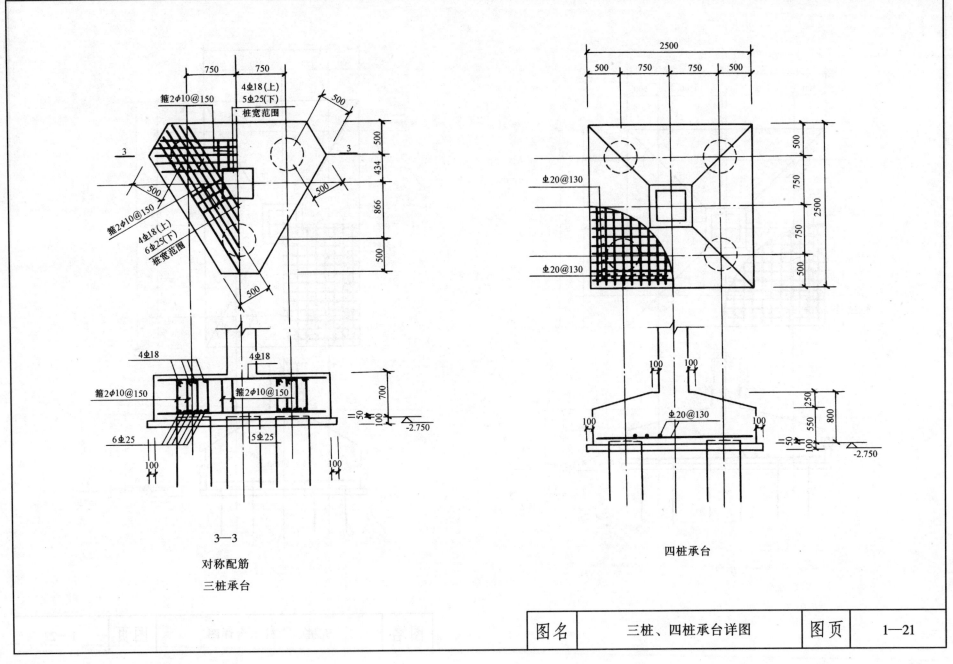

3—3
对称配筋
三桩承台

四桩承台

图名: 三桩、四桩承台详图   图页: 1—21

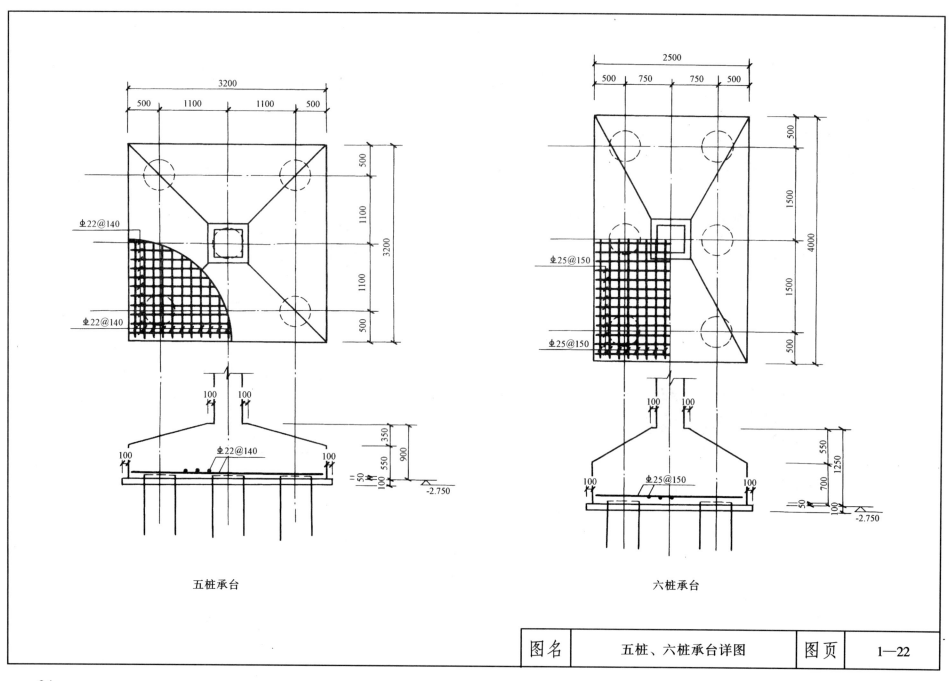

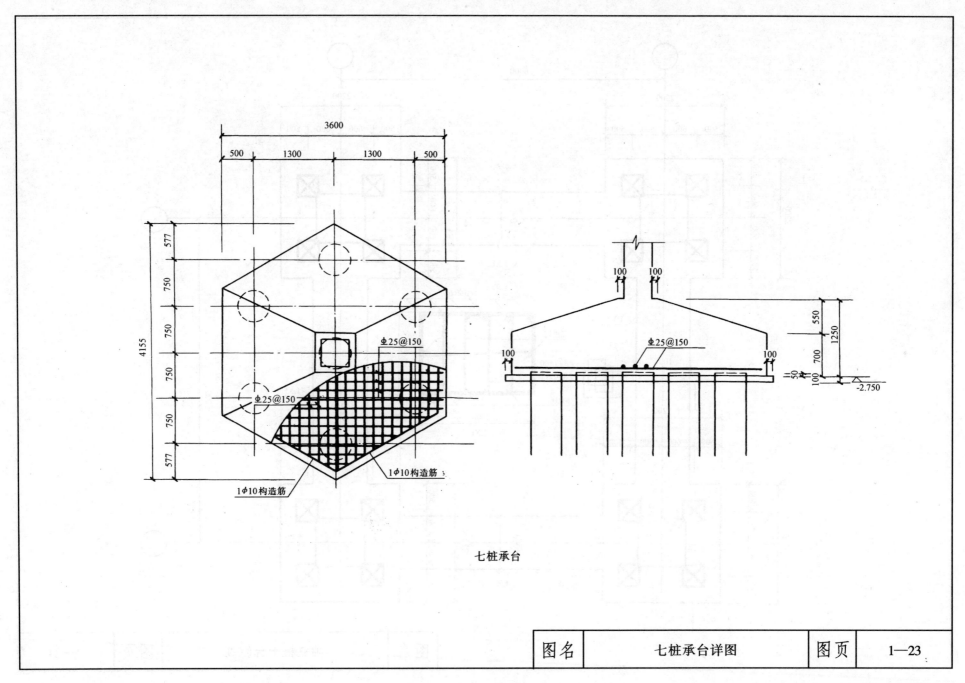

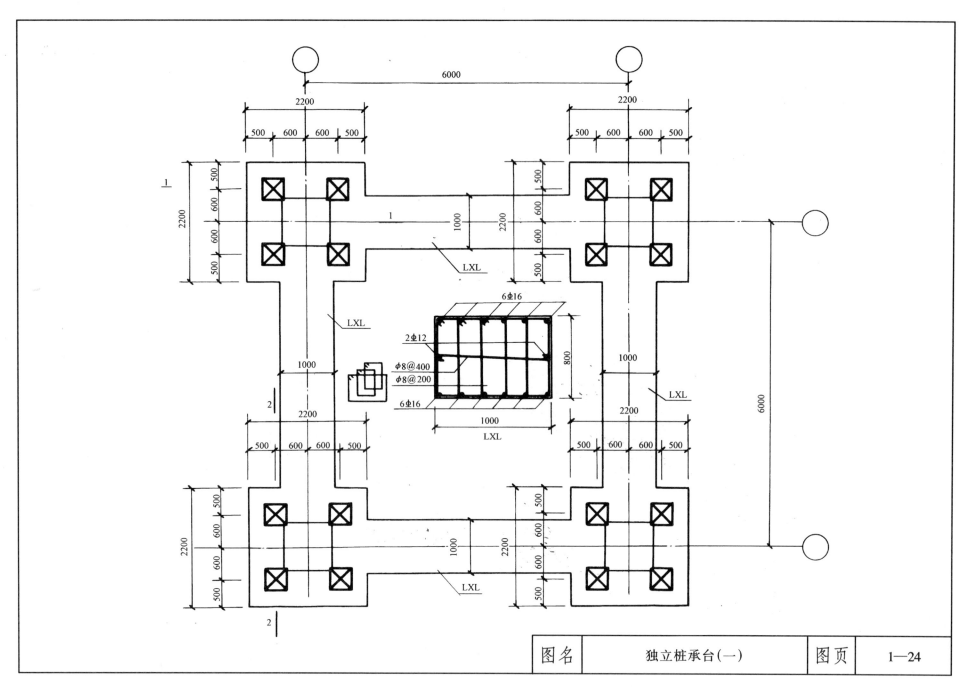

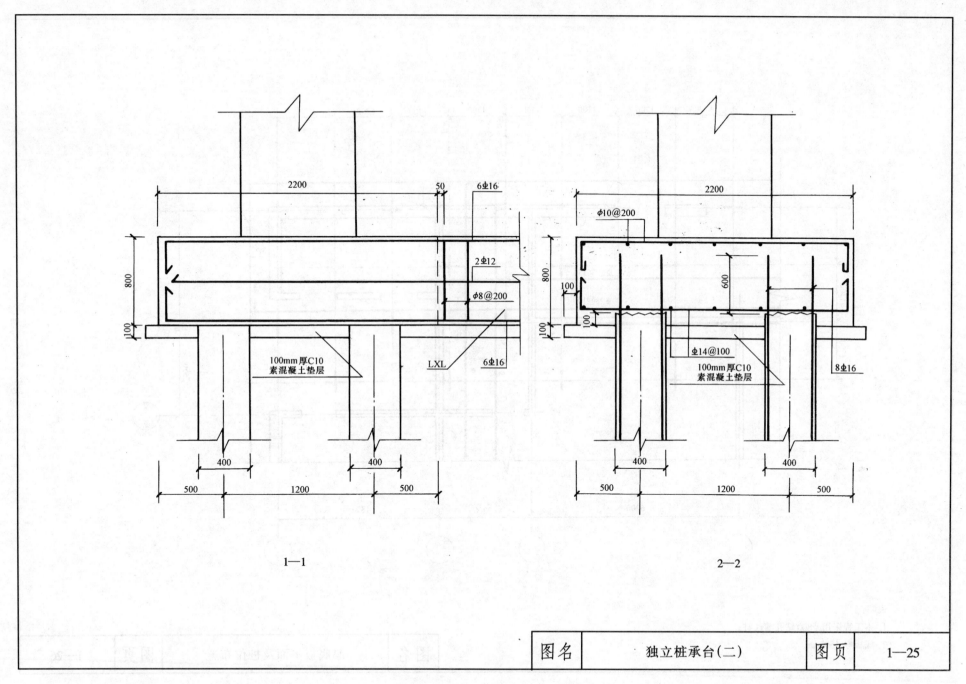

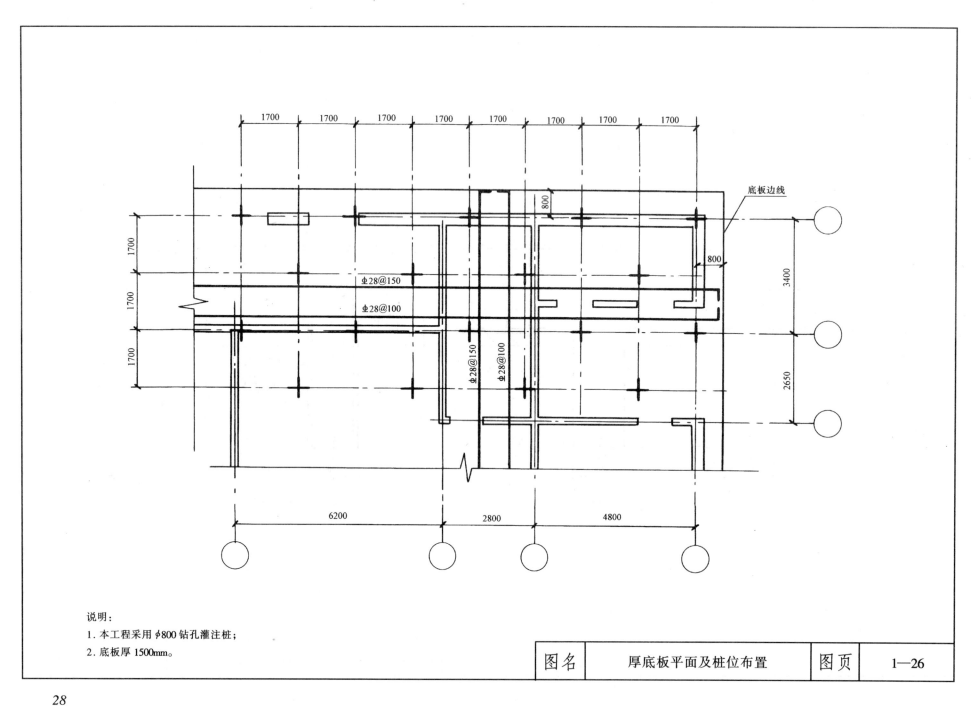

说明：
1. 本工程采用φ800钻孔灌注桩；
2. 底板厚1500mm。

| 图名 | 厚底板平面及桩位布置 | 图页 | 1—26 |

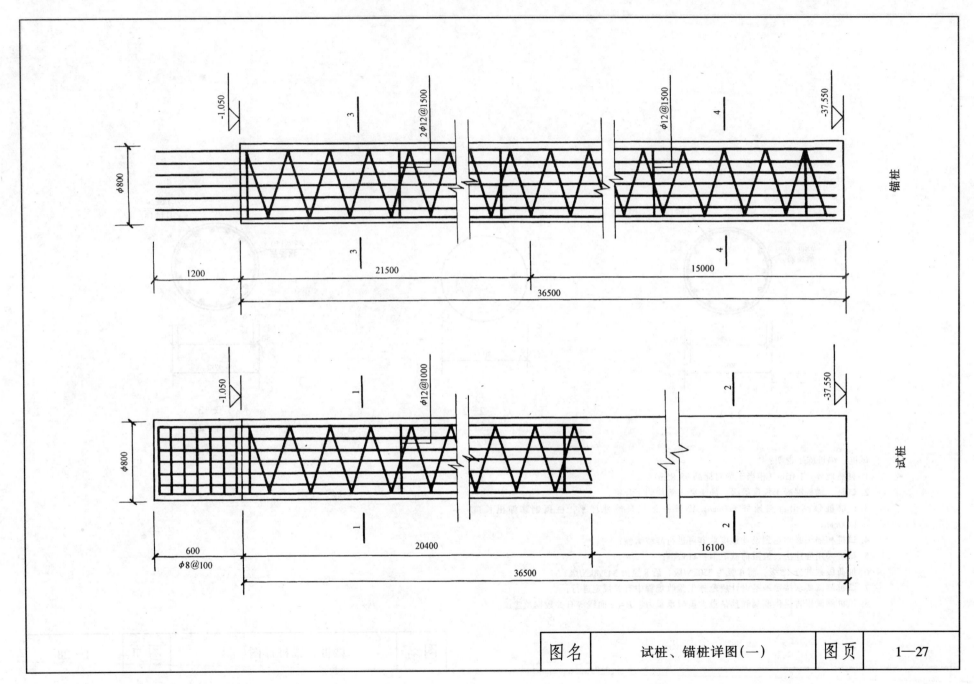

试桩、锚桩详图(一)　　图页 1—27

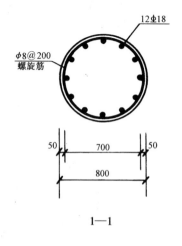

1—1

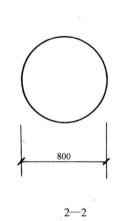

2—2

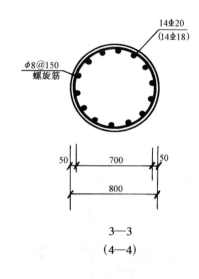

3—3
(4—4)

试桩、锚桩施工说明：

1. 自然地坪 −1.05m（相当于绝对标高95.85m）；
2. 试桩、锚桩混凝土强度等级，施工要求等均同工程桩；
3. 试桩桩顶高出自然地坪600mm，锚桩桩顶与自然地坪平，桩顶钢筋伸出长度1200mm；
4. 试桩和锚桩必须达到设计强度后方可进行静载试验；
5. 试桩采用慢速法，极限荷载取值：4150kN；
6. 加荷级数共分12级，前4级为350kN/级，后8级为343.8kN/级；
7. 试桩测试要求按照地基设计规范施工验收规程中有关规定进行；
8. 试桩测试报告提供实测和预估最大极限承载力，$P \sim s$ 曲线等有关数据及建议。

| 图名 | 试桩、锚桩详图（二） | 图页 | 1—28 |

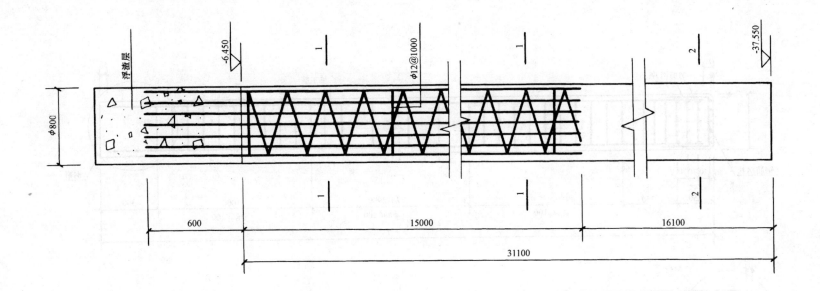

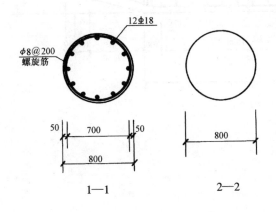

工程桩施工说明：
1. 本工程采用钻孔灌注桩，桩径为800mm，桩长见图示；
2. ±0.00相当于绝对标高96.90m；
3. 桩端持力层在6层（粉质粘土），桩单桩承载力1930kN；
4. 桩内主筋沿桩身均匀布置，并尽量减少钢筋接头，桩内主筋搭接采用焊接，焊接长度为10d；
5. 钻孔过程中应防止缩径和塌孔，应确保桩底清渣质量和桩身垂直度；
6. 材料：混凝土用C25（水下混凝土）；
7. 充盈系数控制在1.25以内，但不小于1.05；
8. 桩的主筋保护层厚度为50mm；
9. 本工程按照《工业与民用建筑灌注桩基础设计与施工规程》（JGJ4—80）、《建筑地基基础设计规范》（GBJ7—89）进行设计，施工时必须严格按规范规程要求进行；
10. 钢筋笼定位钢筋由施工单位另定。

| 图名 | 工程桩详图 | 图页 | 1—29 |

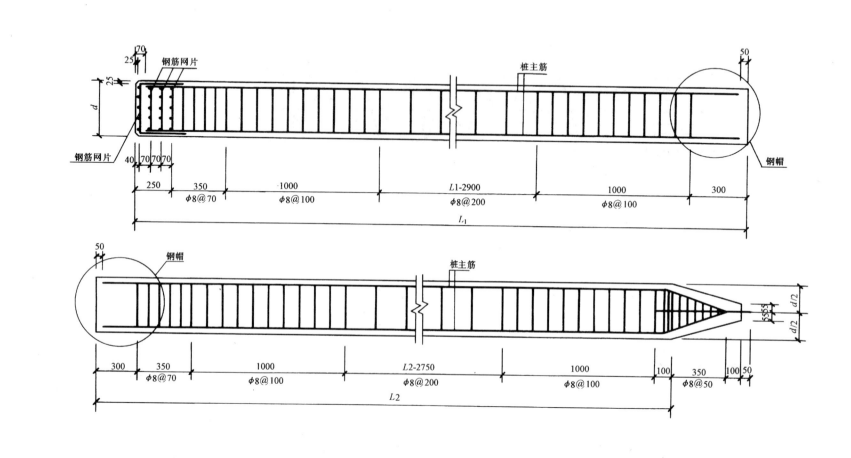

注：1. 分段长度小于12m；
2. 钢筋网片、钢帽及桩尖构造参见有关图集。

图名	预制桩(二截桩)	图页	1—30

二、地下基础结构施工

地下基础结构施工要点

1. 一般规定

（1）地下水控制的设计和施工应满足支护结构设计要求，应根据场地及周边工程地质条件、水文地质条件和环境条件并结合基坑支护和基础施工方案综合分析、确定。

（2）地下水控制方法可分为集水明排、降水、截水和回灌等形式单独或组合使用。

（3）当因降水而危及基坑及周边环境安全时，宜采用截水或回灌方法。截水后，基坑中的水量或水压较大时，宜采用基坑内降水。

（4）当基坑底为隔水层且层底作用有承压水时，应进行坑底突涌验算，必要时可采取水平封底隔渗或钻孔减压措施保护坑底土层稳定。

2. 集水明排

（1）排水沟和集水井可按下列规定布置：

排水沟和集水井宜布置在拟建建筑基础边净距0.4m以外，排水沟边缘离开边坡坡脚不应小于0.3m；在基坑四角或每隔30~40m应设一个集水井。

排水沟底面应比挖土面低0.3~0.4m，集水井底面应比沟底面低0.5m以上。

（2）当基坑侧壁出现分层渗水时，可按不同的高程设置导水管、导水沟等构成明排系统；当基坑侧壁渗水量较大或不能分层明排时，宜采用导水降水法。基坑明排尚应重视环境排水，当地表水对基坑侧壁产生冲刷时，宜在基坑外采取截水、封堵、导流等措施。

3. 井点降水

（1）井点管的设置可采用射水法、钻孔法和冲孔法成孔，井孔直径不宜大于300mm，孔深宜比滤管底深0.5~1.0m。在井管与孔壁间及时用洁净中粗砂填灌密实均匀。投入滤料的数量应大于计算值的85%，在地面以下1m范围内应用粘土封孔。

（2）井点使用前，应进行试抽水，当确认无漏水、漏气等异常现象后，应保证连续不断抽水。

（3）在抽水过程中应定时观测水量、水位、真空度，并应使真空度保持在55kPa以上。

（4）工作水泵可采用多级泵，水压宜大于0.75MPa。

（5）井点使用时，水泵的启动压不宜大于0.3MPa。正常工作水压宜为 $0.25P_0$（扬水高度）；正常工作水流量宜取单井排水量。

4. 回灌

（1）回灌可采用井点、砂井、砂沟等。
（2）回灌井与降水井的距离不宜小于6m。

| 图名 | 地下基础结构施工要点 | 图页 | 2—1 |

(3) 回灌井的间距应根据降水井的间距和被保护物的平面位置确定。

(4) 回灌井宜进入稳定水面以下1m，且位于渗透性较好的土层中，过滤器的长度应大于降水井过滤器的长度。

(5) 回灌水量可通过水位观测孔中水位变化进行控制和调节，不宜超过原水位标高。回灌水箱高度可根据灌入水量配置。

(6) 回灌砂井的灌砂量应取井孔体积的95%，填料宜采用含泥量不大于3%、不均匀系数在3~5之间的纯净中粗砂。

(7) 回灌井与降水井应协调控制。回灌井宜采用清水。

| 图名 | 地下基础结构施工要点 | 图页 | 2—2 |

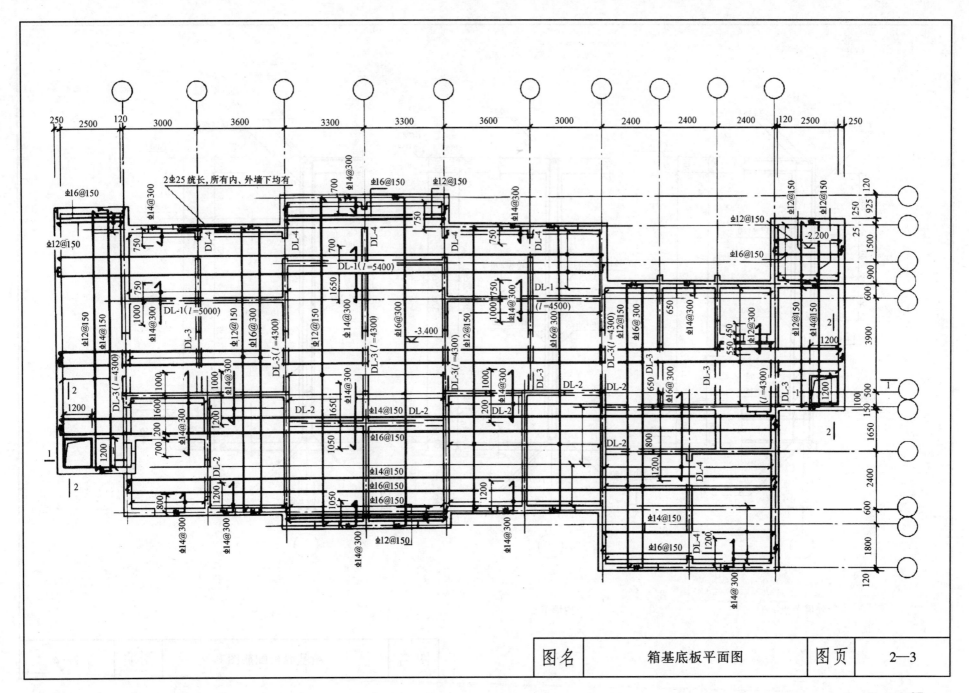

| 图名 | 箱基底板平面图 | 图页 | 2—3 |

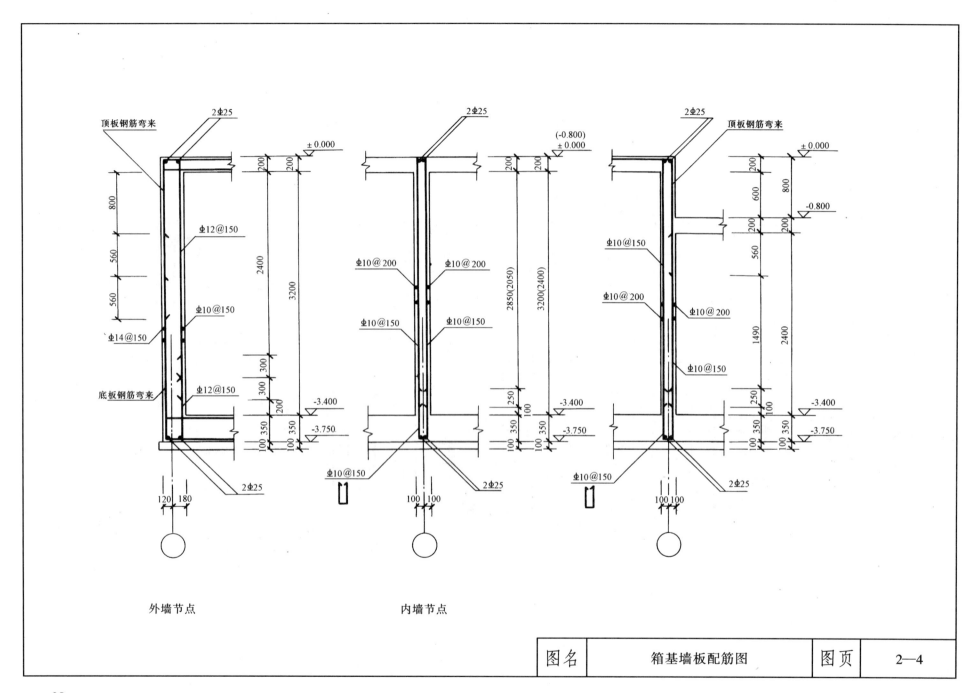

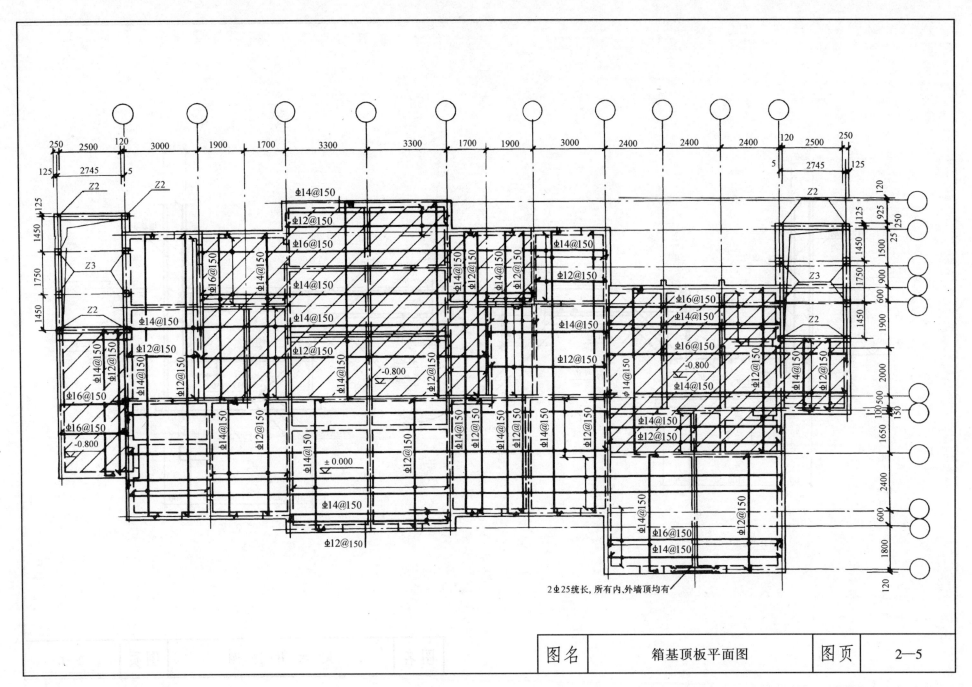

| 图名 | 箱基顶板平面图 | 图页 | 2—5 |

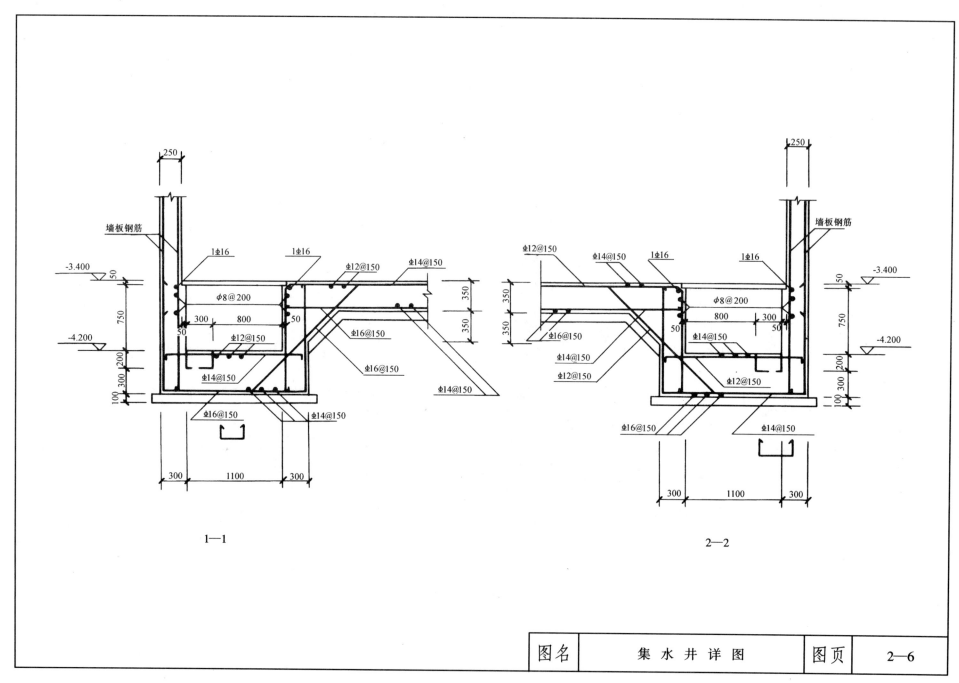

| 图名 | 集水井详图 | 图页 | 2—6 |

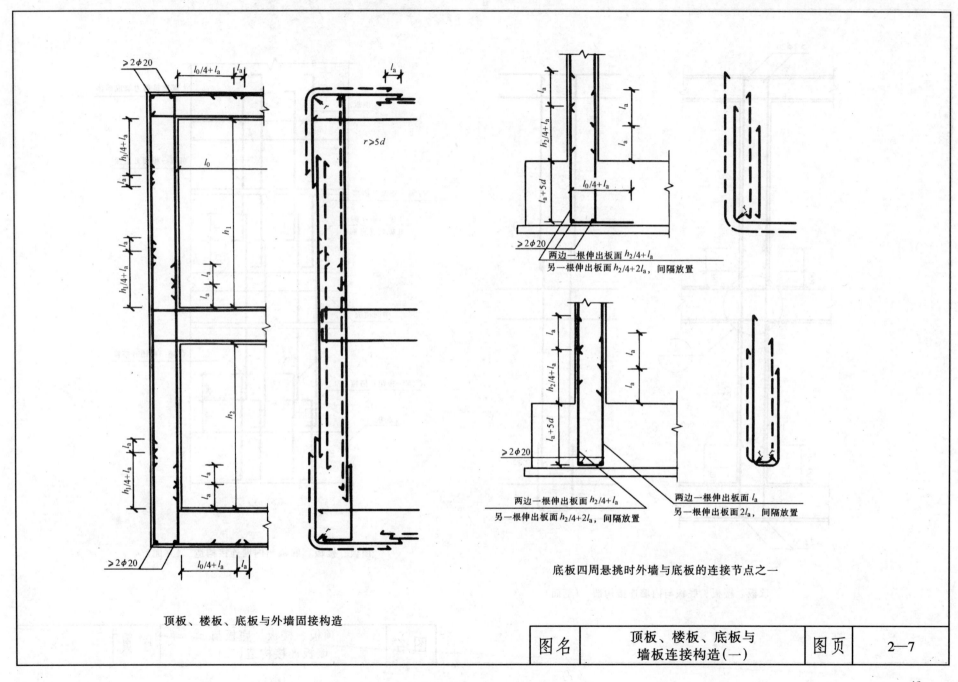

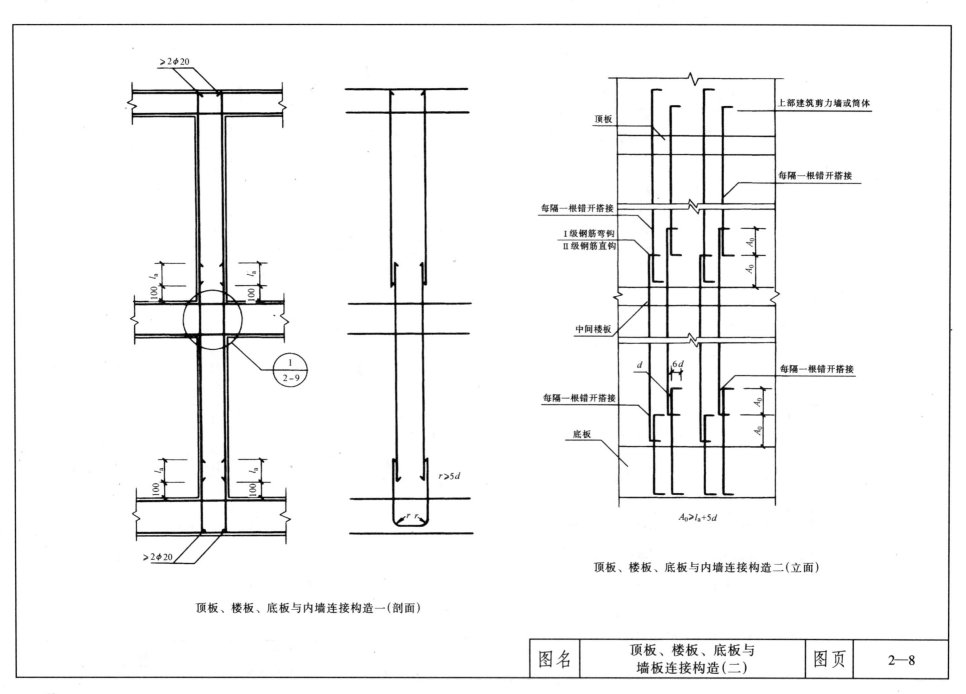

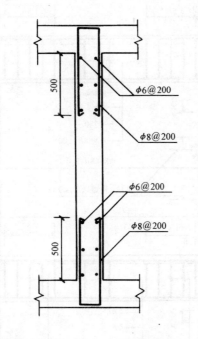

素混凝土内墙与顶板、底板的连接(剖面)

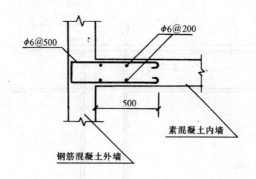

钢筋混凝土外墙与素混凝土内墙水平插筋

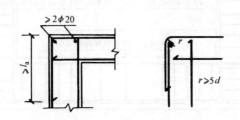

外墙与顶板为铰接时的连接节点

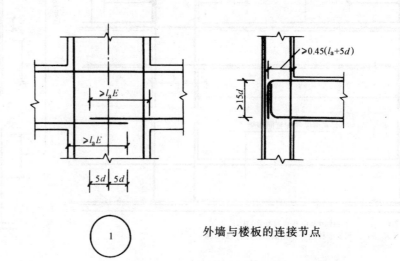

外墙与楼板的连接节点

| 图名 | 顶板、楼板、底板与墙板连接构造(三) | 图页 | 2—9 |

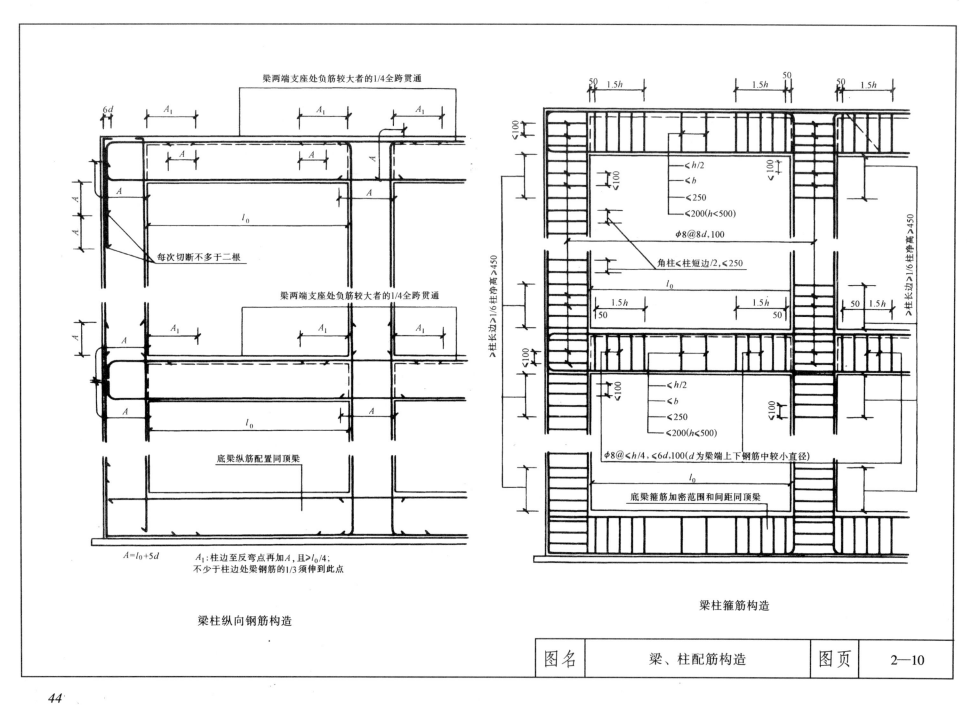

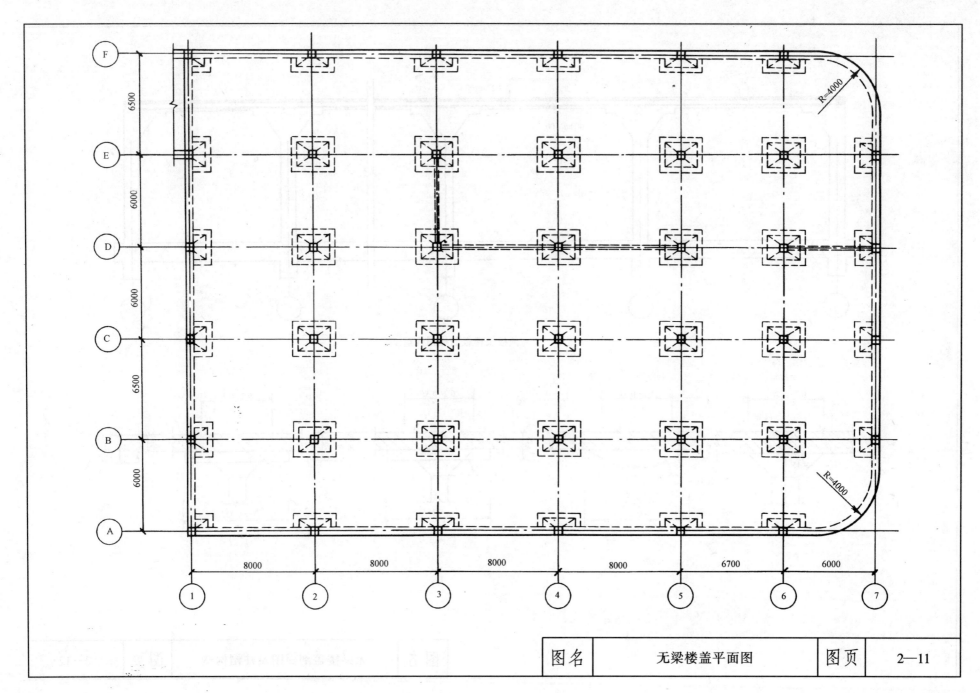

无梁楼盖平面图　2—11

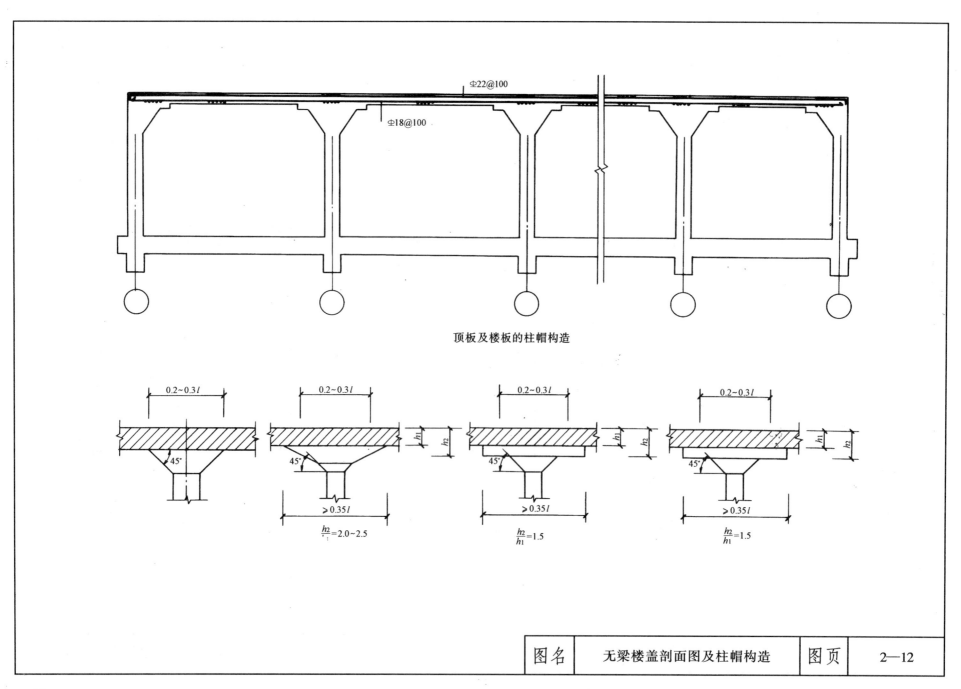

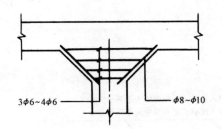
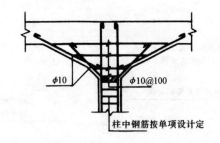
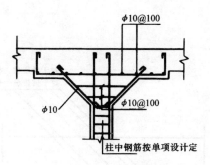
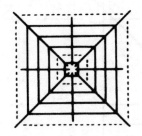
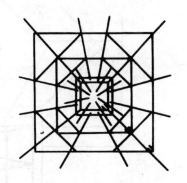
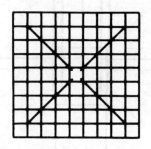
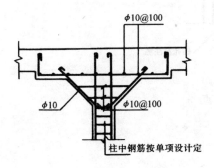
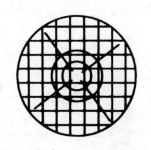

| 图名 | 无梁楼盖柱帽构造 | 图页 | 2—13 |

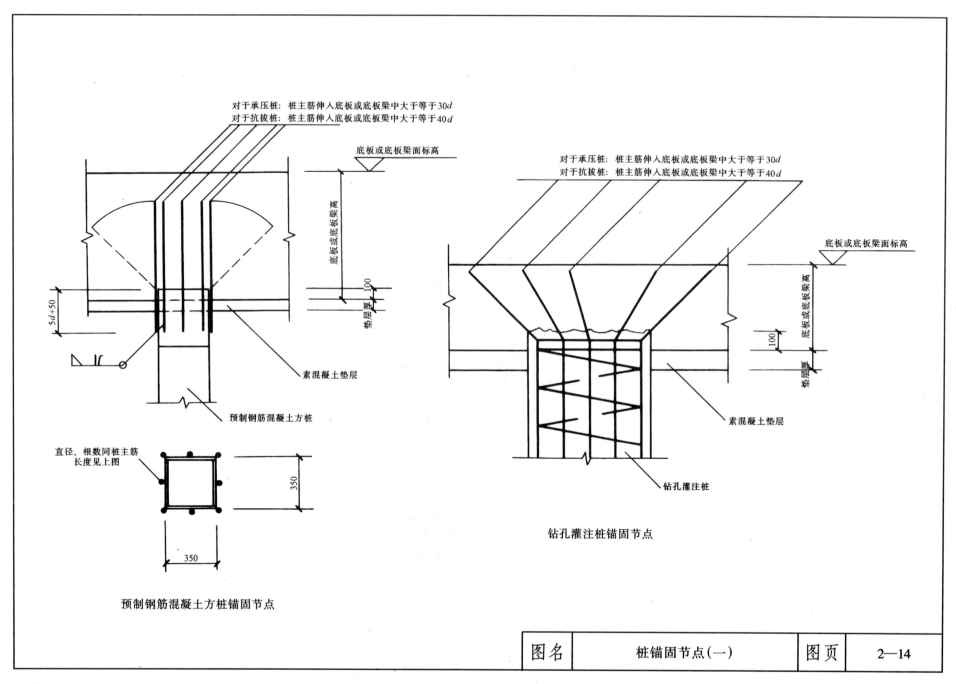

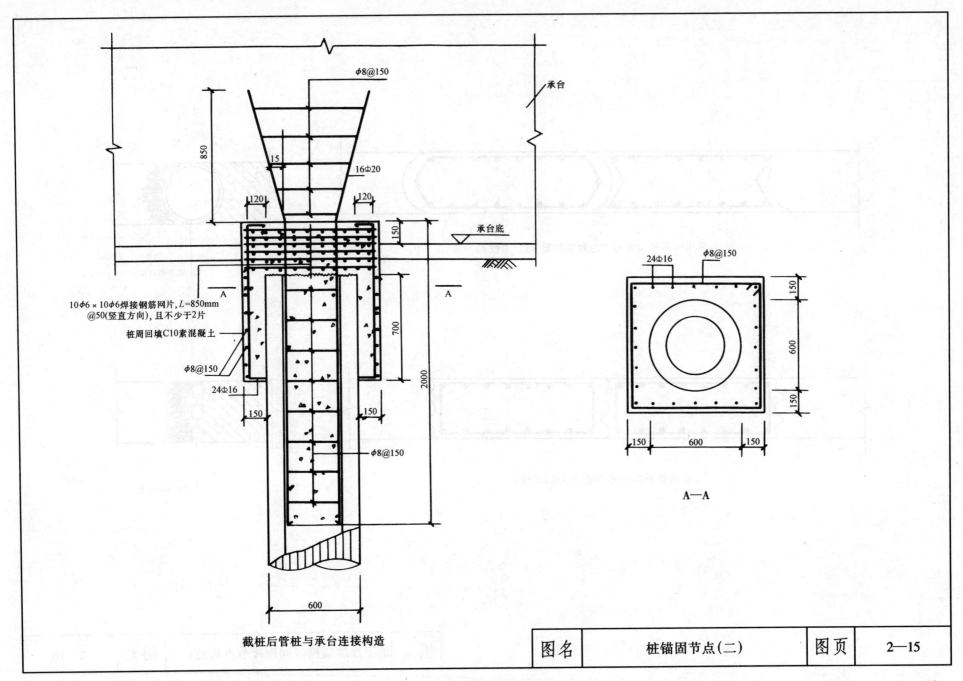

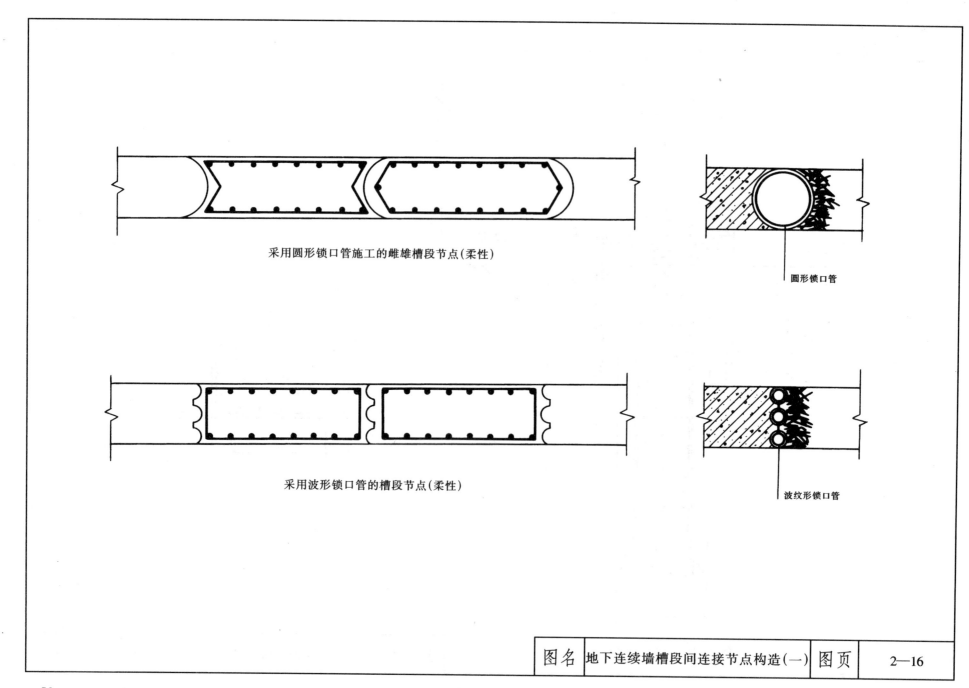

地下连续墙槽段间连接节点构造(一) 2—16

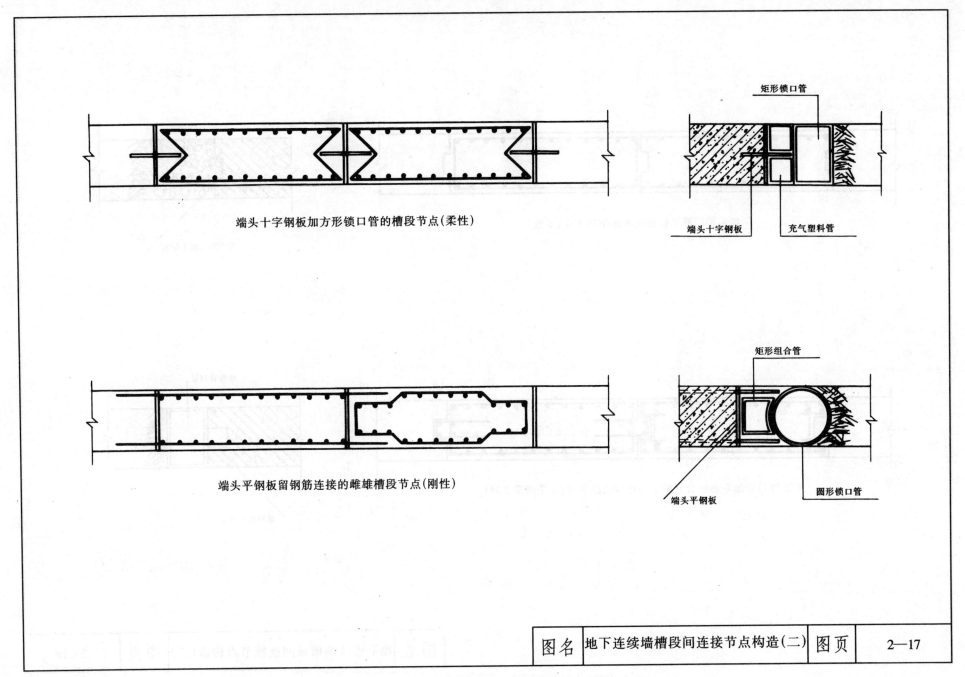

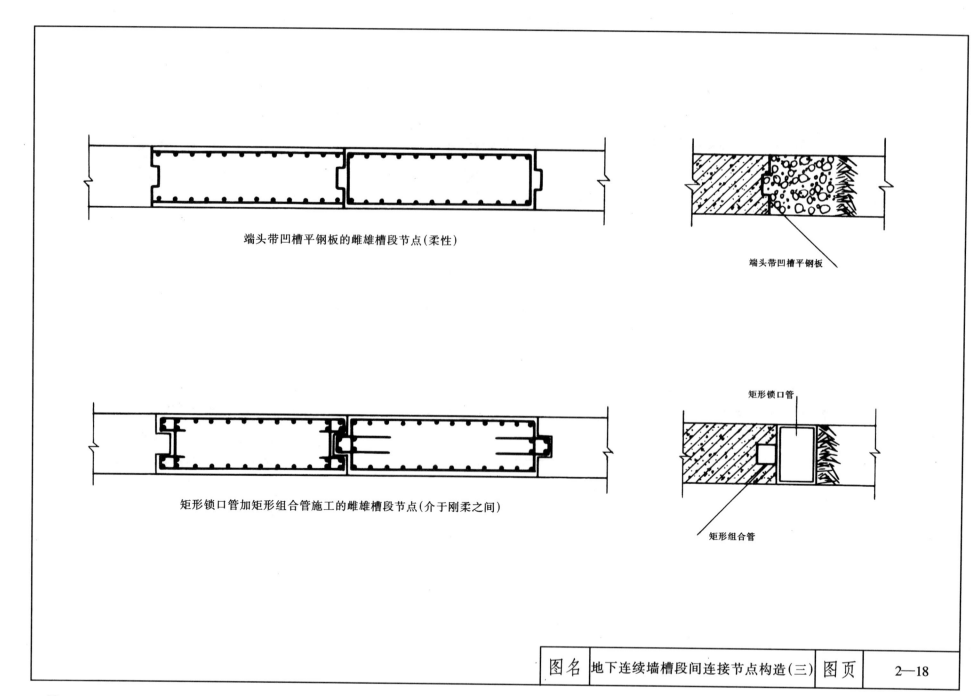

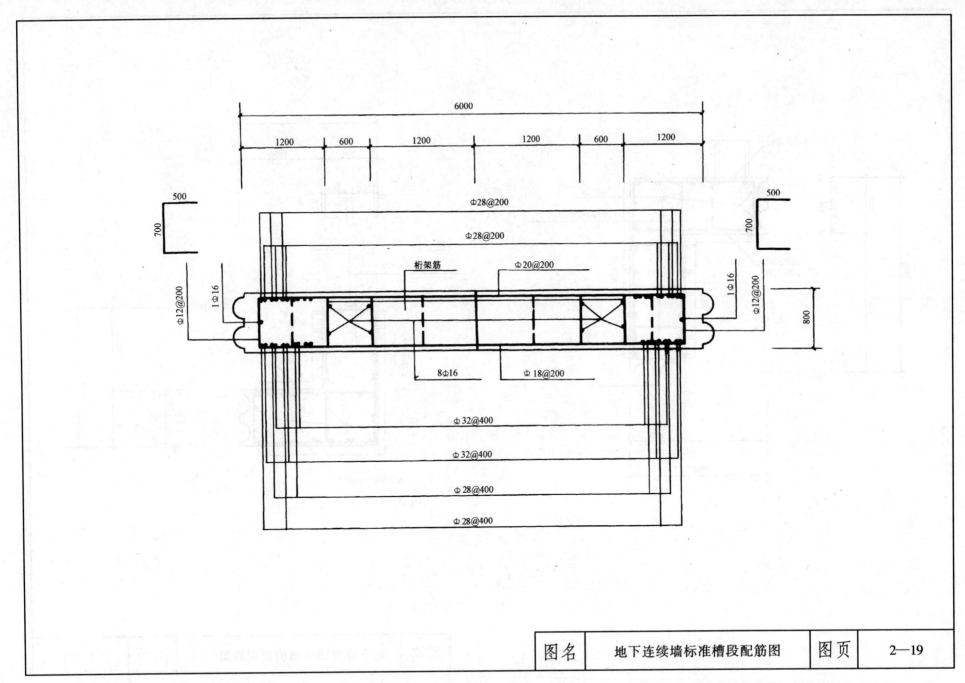

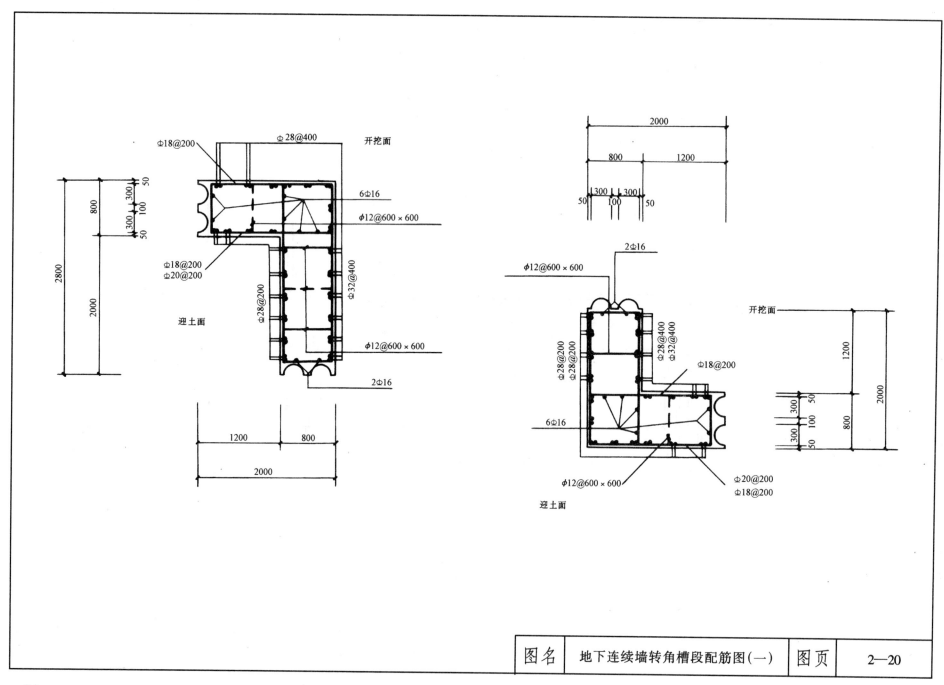

地下连续墙转角槽段配筋图（一） 2—20

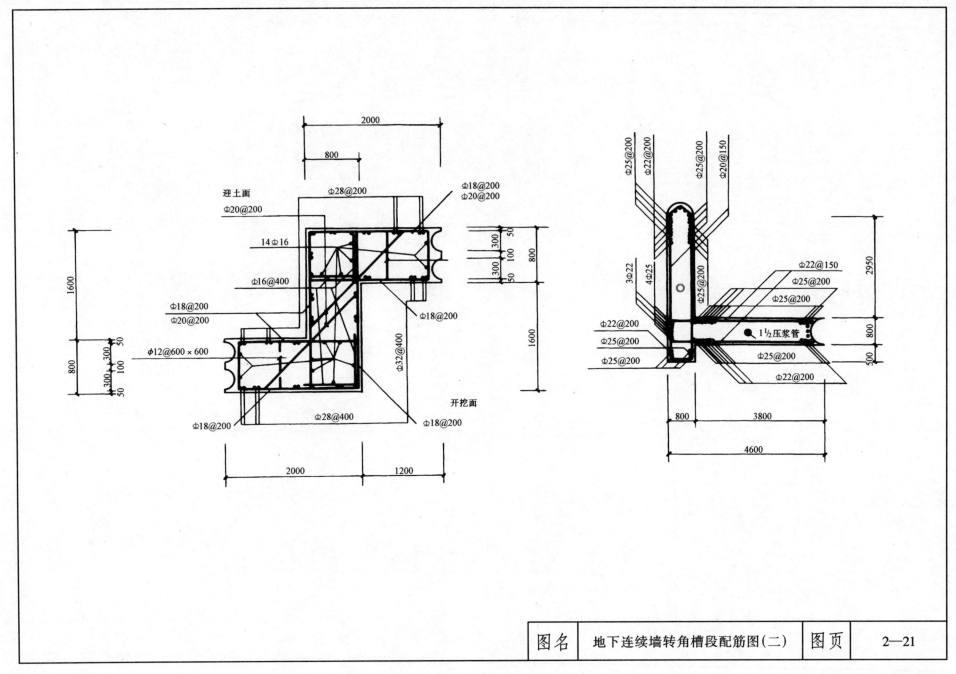

三、深基础支护结构

深基础支护结构施工要点

1. 基坑开挖

（1）基坑开挖应根据支护结构设计、降排水要求,确定开挖方案。

（2）基坑边界周围地面应设排水沟,且应避免漏水、渗水进入坑内;放坡开挖时,应对坡顶、坡面、坡脚采取降排水措施。

（3）基坑周边严禁超堆荷载。

（4）软土基坑必须分层均衡开挖,层高不宜超过1m。

（5）基坑开挖过程中,应采取措施防止碰撞支护结构、工程桩或扰动基底原状土。

（6）发生异常情况时,应立即停止挖土,并应立即查清原因和采取措施,方能继续挖土。

（7）开挖至坑底标高后坑底应及时满封闭并进行基础工程施工。

（8）地下结构工程施工过程中应及时进行夯实回填土施工。

（9）地下结构工程施工过程中应及时进行夯实回填土施工。

（10）基坑开挖前应作出系统的开挖监控方案,监控方案应包括监控目的、监测项目、监控报警值、监测方法及精度要求、监测点的布置、监测周期、工序管理和记录制度以及信息反馈系统等。

（11）监测点的布置应满足监控要求,从基坑边缘以外1~2倍开挖深度范围内的需要保护物体均应作为监控对象。

（12）基坑工程监测项目根据基坑侧壁安全等级按国家有关规定进行。

（13）位移观测基准点数量不应少于两点,且应设在影响范围以外。

（14）监测项目在基坑开挖前应测得初始值,且不应少于两次。

（15）基坑监测项目的监控报警值应根据观测对象的有关规范及支护结构设计要求确定。

（16）各项监测的时间间隔可根据施工进程确定。当变形超过有关标准或监测结果变化速率较大时,应加密观测次数。当有事故征兆时,应连续监测。

（17）基坑开挖监测过程中,应根据设计要求提交阶段性监测结果报告。工程结束时应提交完整的监测报告,报告内容应包括:

1）工程概况;

2）监测项目和各测点的平面和立面布置图;

3）采用仪器设备和监测方法;

4）监测数据处理方法和监测结果过程曲线;

5）监测结果评价。

2. 围护壁

（1）地下连续墙

1）地下连续墙单元槽段长度可根据槽壁稳定性及钢筋笼起吊能力划分,宜为4~8m。

2）施工前宜进行墙槽成槽试验,确定施工工艺流程,选择操作技术参数。

3）槽段的长度、厚度、深度、倾斜度应符合下列要求：

| 图名 | 深基础支护结构施工要点 | 图页 | 3—1 |

槽段长度（沿轴线方面）允许偏差 ±50mm；

槽段厚度允许偏差 ±10mm；

槽段倾斜度 ≤1/150。

4）地下连续墙宜采用声波透射法检测墙身结构质量，检测槽段数应不小于总槽段数的20%，且不应少于3个槽段。

（2）钻孔灌注桩

钻孔灌注桩的施工要点参看地基基础部分施工要点详细内容。

（3）水泥土墙

1）水泥土墙应采取切割搭接法施工。应在前桩水泥土尚未固化时进行后序搭接桩施工。施工开始和结束的头尾搭接处，应采取加强措施，消除搭接沟缝。

2）深层搅拌水泥土墙施工前，应进行成桩工艺及水泥掺入量或水泥浆的配合比试验，以确定相应的水泥掺入比或水泥浆水灰比，浆喷深层搅拌的水泥掺入量宜为被加固土重度的15%～18%；粉喷深层搅拌的水泥掺入量宜为被加固土重度的13%～16%。

3）高压喷射注浆施工前，应通过试喷试验，确定不同土层旋喷固结体的最小直径、高压喷射施工技术参数等。高压喷射水泥水灰比宜为1.0～1.5。

4）深层搅拌桩和高压喷射桩水泥土墙的桩位偏差不应大于50mm，垂直度偏差不宜大于0.5%。

5）当设置插筋时桩身插筋应在桩顶搅拌完成后及时进行。插筋材料、插入长度和出露长度等均应按计算和构造要求确定。

6）高压喷射注浆应按试喷确定的技术参数施工，切割搭接宽度应符合下列规定：

旋喷固结体不宜小于150mm；

摆喷固结体不宜小于150mm；

定喷固结体不宜小于200mm。

7）水泥土桩应在施工后一周内进行开挖检查或采用钻孔取芯等手段检查成桩质量，若不符合设计要求应及时调整施工工艺。

8）水泥土墙应在设计开挖龄期采用钻芯法检测墙身完整性，钻芯数量不宜少于总桩数的2%，且不应少于5根，并应根据设计要求取样进行单轴抗压强度试验。

（4）土钉墙

1）上层土钉注浆体及喷射混凝土面层达到设计强度的70%后方可开挖下层土方及下层土钉施工。

2）基坑开挖和土钉墙施工应按设计要求自上而下分段分层进行。在机械开挖后，应辅以人工修整坡面，坡面平整度的允许偏差宜为20mm，在坡面喷射混凝土支护前，应清除坡面虚土。

3）土钉墙施工可按下列顺序进行：

应按设计要求开挖工作面，修整边坡，埋设喷射混凝土厚度控制标志；

喷射第一层混凝土；

钻孔安设土钉、注浆，安设连接件；

绑扎钢筋网，喷射第二层混凝土；

设置坡顶、坡面和坡脚的排水系统。

4）土钉成孔施工宜符合下列规定：

孔深允许偏差　　　　　±50mm；

孔径允许偏差　　　　　±5mm；

孔距允许偏差　　　　　±100mm；

成孔倾角偏差　　　　　±5%。

5）喷射混凝土作业应符合下列规定：

喷射作业应分段进行，同一分段内喷射顺序自下而上，一次喷射厚度不宜小于40mm；

喷射混凝土时，喷头与受喷面应保持垂直，距离宜为0.6～1.0m；

| 图名 | 深基础支护结构施工要点 | 图页 | 3—2 |

喷射混凝土终凝 2h 后，应喷水养护，养护时间根据气温确定，宜为 3~7h。

6）喷射混凝土面层中的钢筋网铺设应符合下列规定：

钢筋网应在喷射一层混凝土后铺设，钢筋保护层厚度不宜小于 20mm；

采用双层钢筋网时，第二层钢筋网应在第一层钢筋网被混凝土覆盖后铺设；

钢筋网与土钉应连接牢固。

7）土钉注浆材料应符合下列规定：

注浆材料宜选用水泥浆或水泥砂浆；水泥浆的水灰比宜为 0.5，水泥砂浆配合比宜为 1:1~1:2（重量比），水灰比宜为 0.38~0.45；

水泥浆、水泥砂浆应拌合均匀，随拌随用，一次拌合的水泥浆、水泥砂浆应在初凝前用完。

8）注浆作业应符合以下规定：

注浆应将孔内残留或松动的杂土清除干净；注浆开始或中途停止超过 30min 时，应用水或稀水泥浆润滑注浆泵及其管路；

注浆时，注浆管应插至距孔底 250~500mm 处，孔口部位宜设置止浆塞及排气管；

土钉钢筋应设定位支架。

9）土钉墙应按下列规定进行质量检测：

土钉采用抗拉试验检测承载力，同一条件下，试验数量不宜少于土钉总数的 1%，且不宜少于 3 根；

墙面喷射混凝土厚度应采用钻孔检测，钻孔数宜每 $100m^2$ 墙面积一组，每组不应少于 3 点。

(5) 逆作拱墙

1）拱曲线沿曲率半径方向的误差不得超过 ±40mm。

2）拱墙水平方向施工的分段长度不应超过 12m，通过软弱土层或砂层时分段长度不宜超过 8m。

3）拱墙在垂直方向应分道施工，每道施工的高度视土层的直立高度而定，不宜超过 2.5m；上道拱墙合拢且混凝土强度达到设计强度的 70% 后，才可进行下道拱墙施工。

4）上下两道拱墙的竖向施工缝应错开，错开距离不宜少于 2m。

5）拱墙施工宜连续作业，每道拱墙施工时间不宜超过 36h。

6）当采用外壁支模时，拆除模板后应将拱墙与坑壁之间的空隙填满夯实。

7）基坑内积水坑的设置应远离坑壁，距离不应小于 3m。

8）当对逆作拱墙施工质量有怀疑时，宜采用钻芯法进行检测，检测数量为 $100m^2$ 墙面为一组，每组不应小于 3 点。

3．支撑和锚杆

（1）支撑体系施工要求

1）支撑结构的安装与拆除顺序，应同基坑支护结构的设计计算工况相一致。必须严格遵守先支撑后开挖的原则。

2）立柱穿过主体结构底板以及支撑结构穿越主体结构地下室外墙的部位，应采用止水构造措施。

3）钢支撑的端头与冠梁或腰梁的连接应符合以下规定：

支撑端头应设置厚度不小于 10mm 的钢板作封头端板，端板与支撑杆件满焊，焊缝厚度及长度能承受全部支撑力或与支撑等强度，必要时，增设加劲端板；肋板数量、尺寸应满足支撑端头局部稳定要求和传递支撑力的要求；

支撑端面与支撑轴线不垂直时，可在冠梁或腰梁上设置预埋铁件或其他构造措施以承受支撑与冠梁或腰梁间的剪力。

4）钢支撑预加压力的施工应符合以下要求：

支撑安装完毕后，应及时检查各节点的连接状况，经确认符合要求后方可施加预压力，预压力的施加应在支撑的两端同步对称进行；

| 图名 | 深基础支护结构施工要点 | 图页 | 3—3 |

预压力应分级施加,重复进行,加至设计值时,应再次检查各连接点的情况,必要时应对节点进行加固,待额定压力稳定后锁定。

5）当对钢筋混凝土支撑结构或对钢支撑焊缝施工质量有怀疑时,宜采用超声探伤等非破损方法检测,检测数量根据现场情况确定。

（2）锚杆施工要求

1）锚杆钻孔水平方向孔距在垂直方向误差不宜大于100mm,偏斜度不应大于3%。

2）注浆管宜与锚杆杆体绑扎在一起,一次注浆管距孔底宜为100～200mm,二次注浆管的出浆孔应进行可灌密封处理。

3）浆体应按设计配制,一次灌浆宜选用灰砂比1:1～1:2、水灰比0.38～0.45的水泥砂浆,或水灰比0.45～0.5的水泥浆,二次高压注浆宜使用水灰比0.45～0.55的水泥浆。

4）二次高压注浆压力宜控制在2.5～5.0MPa之间,注浆时间可根据注浆工艺实验确定或一次注浆锚固体强度达到5MPa后进行。

5）锚杆的张拉与施加预应力（锁定）应符合以下规定：

锚固段强度大于15MPa并达到设计强度等级的75%后方可进行张拉。

锚杆张拉顺序应考虑对邻近锚杆的影响；

锚杆宜张拉至设计荷载的0.9～1.0倍后,再按设计要求锁定；

锚杆张拉控制应力不应超过锚杆杆体强度标准值的0.75倍。

| 图名 | 深基础支护结构施工要点 | 图页 | 3—4 |

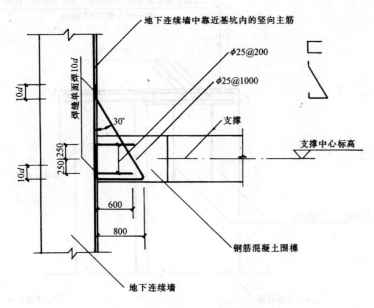

钢筋混凝土围檩与地下连续墙的连接节点

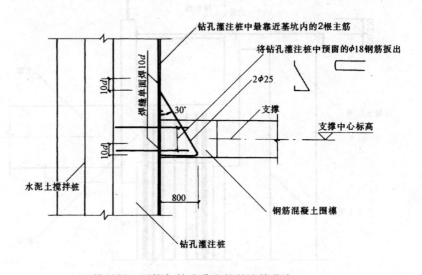

钢筋混凝土围檩与钻孔灌注桩的连接节点

说明：
凿去该部分地下连续墙的混凝土保护层，将图中两种 $\phi 25$ 的钢筋与地下连续墙的竖向筋焊接。若遇水平筋须截断时，应将截断的钢筋与 $\phi 25$ 的钢筋焊接。

说明：
每根钻孔灌注桩去除泡沫塑料板，扳出预埋的 $\phi 18$ 钢筋，每隔一根钻孔灌注桩凿去该部分混凝土保护层，$2\phi 25$ 钢筋与钻孔灌注桩中最靠近基坑内的2根主筋焊接。

| 图名 | 钢筋混凝土围檩与支护壁连接构造 | 图页 | 3—5 |

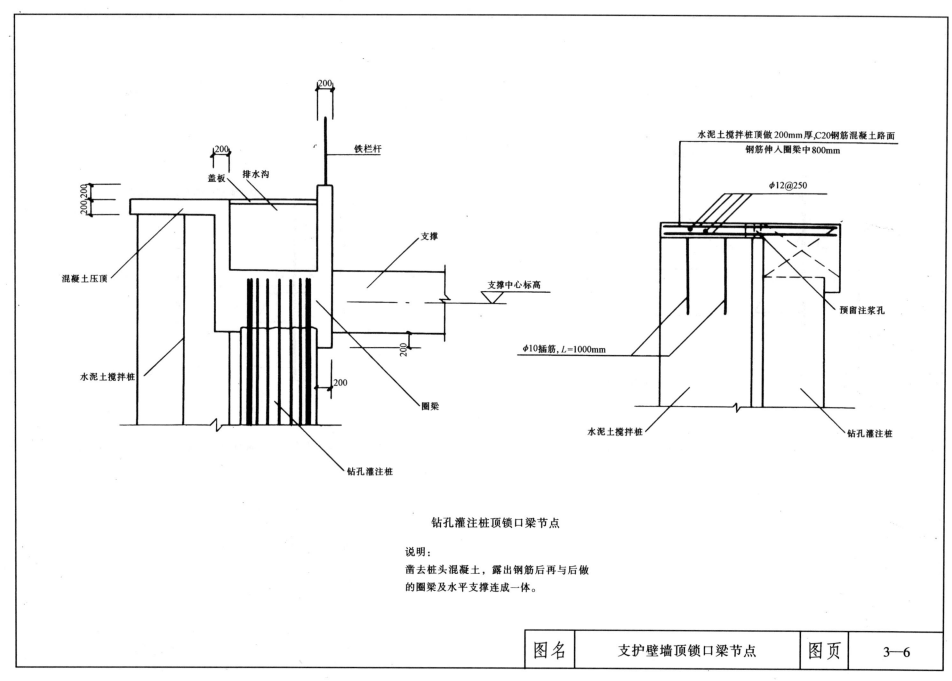

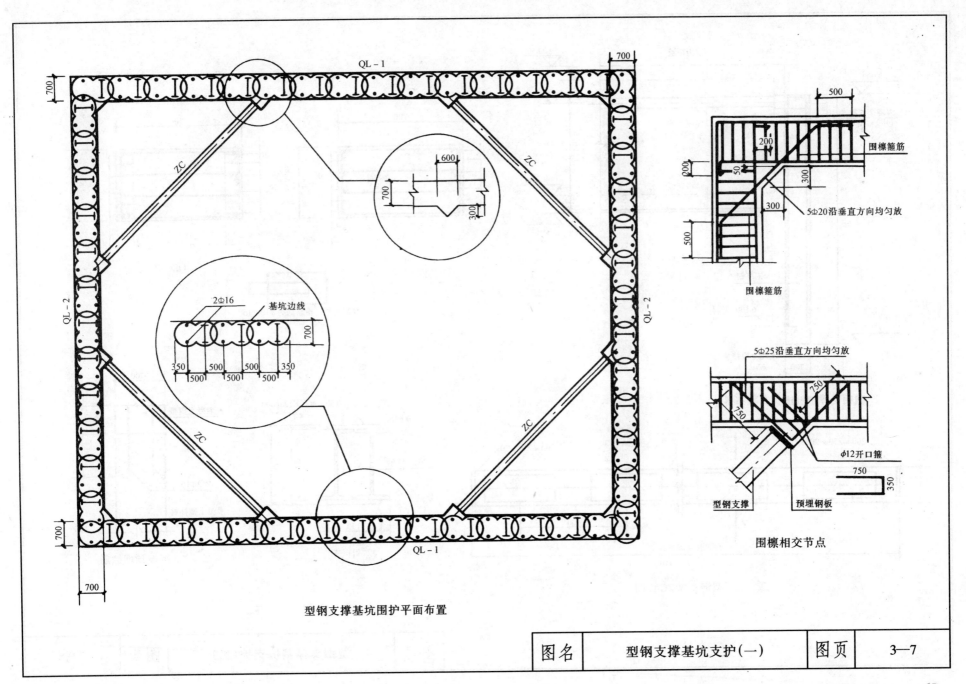

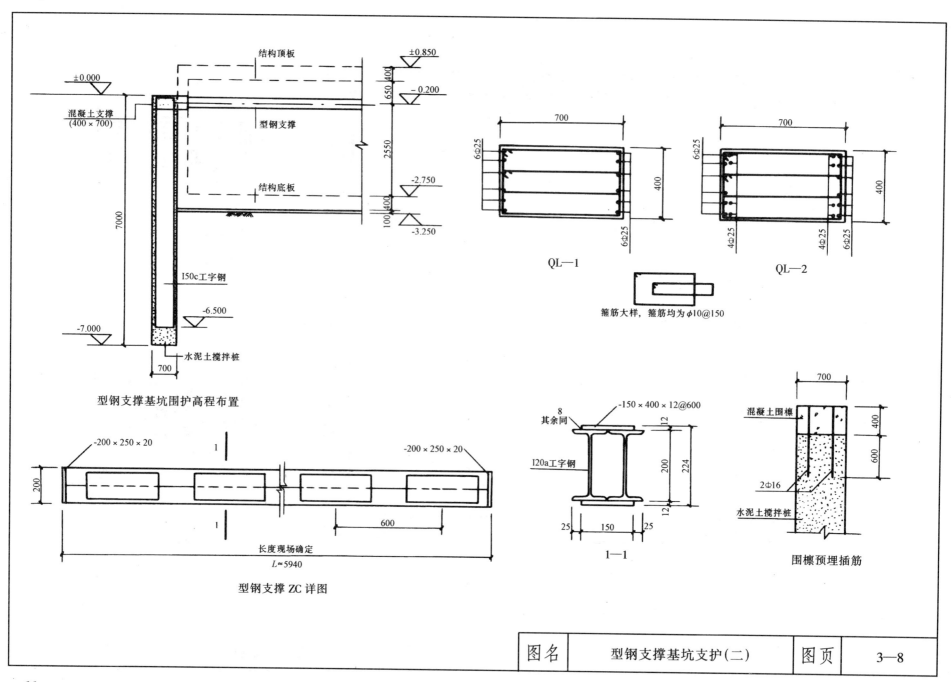

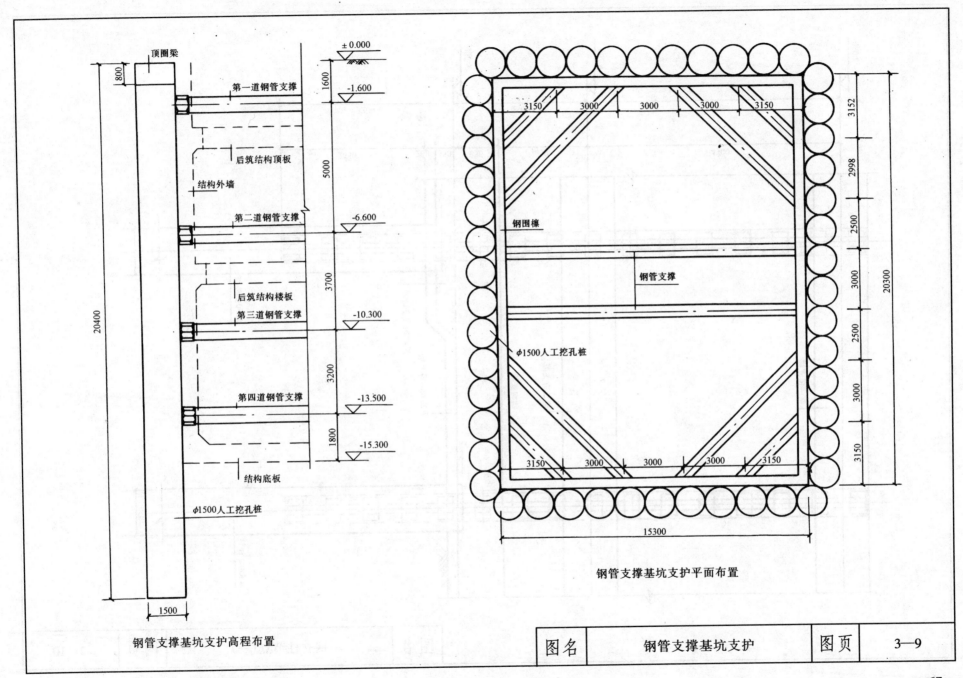

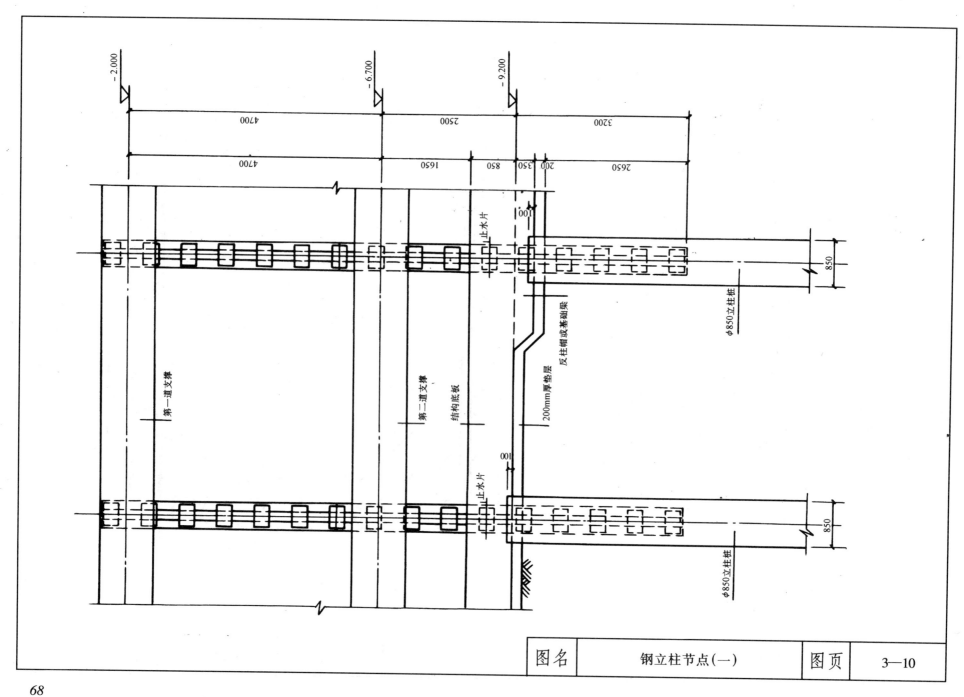

| 图名 | 钢立柱节点(一) | 图页 | 3—10 |

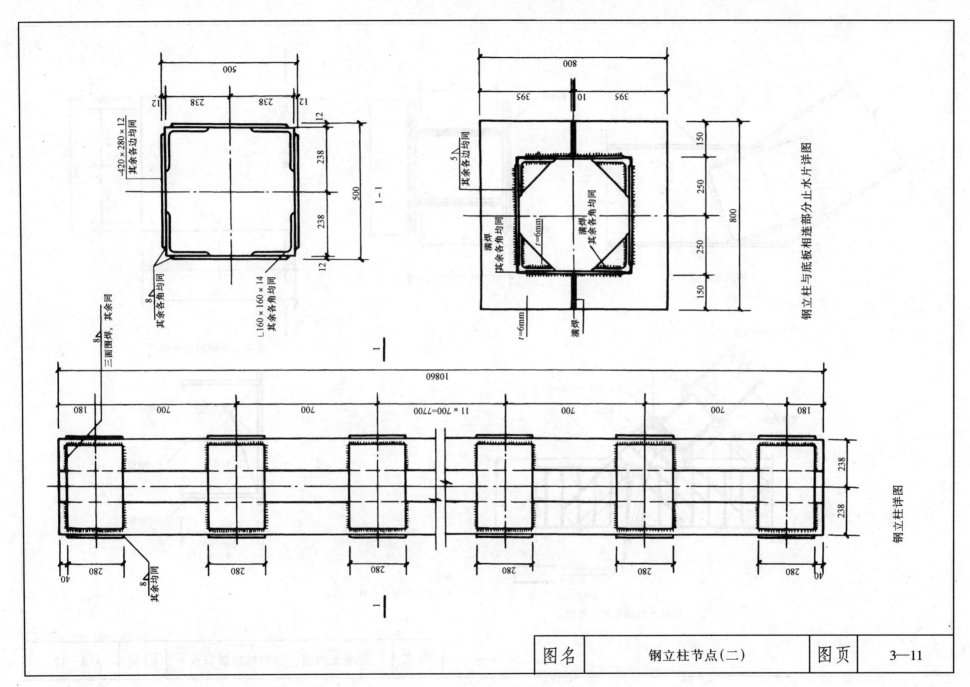

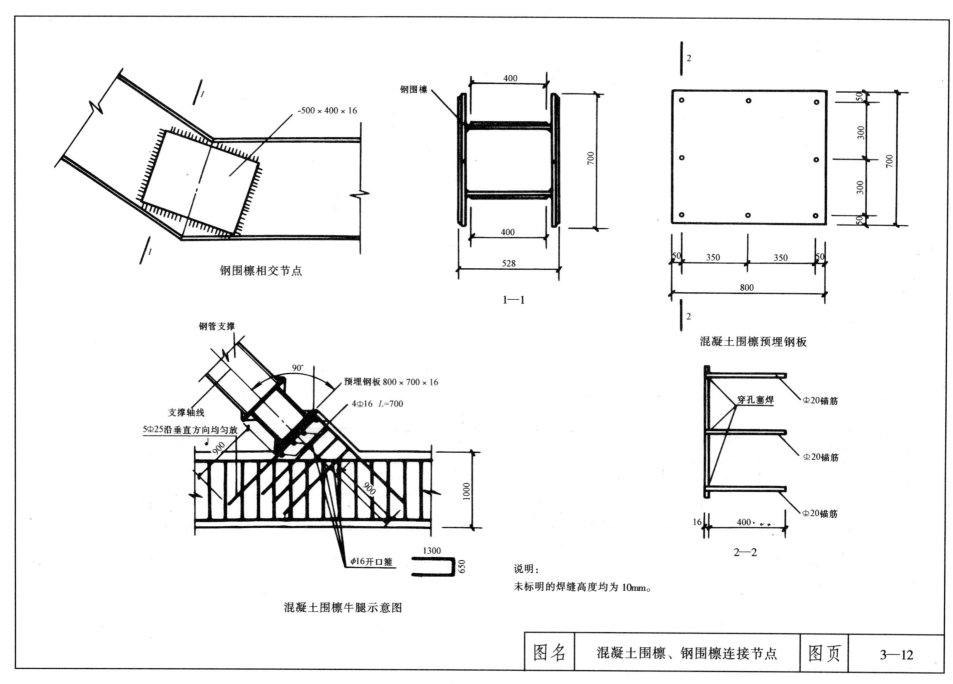

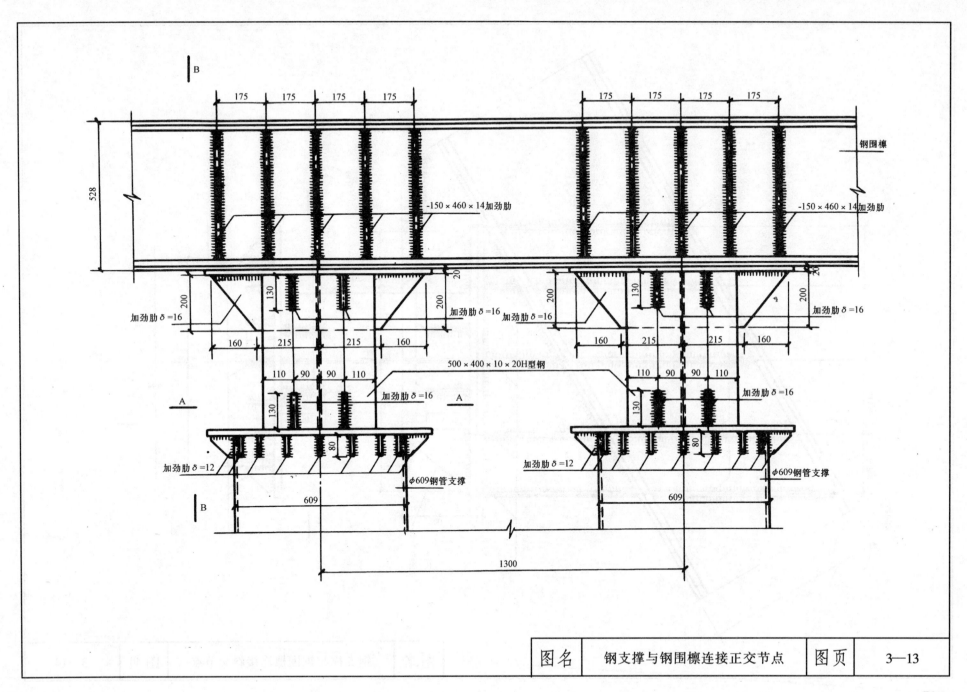

| 图名 | 钢支撑与钢围檩连接正交节点 | 图页 | 3—13 |

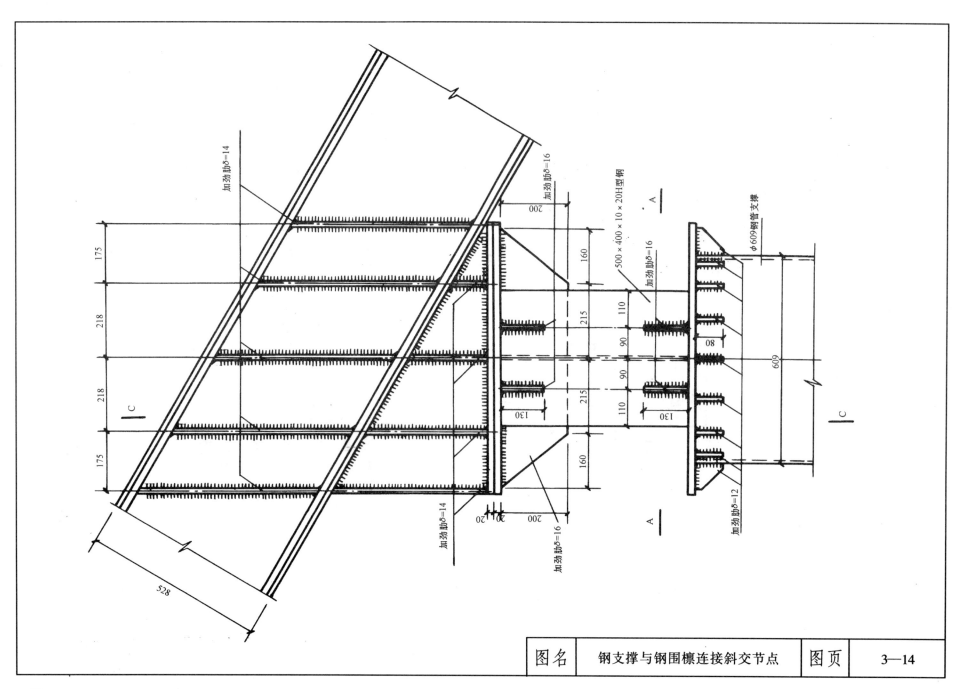

| 图名 | 钢支撑与钢围檩连接斜交节点 | 图页 | 3—14 |

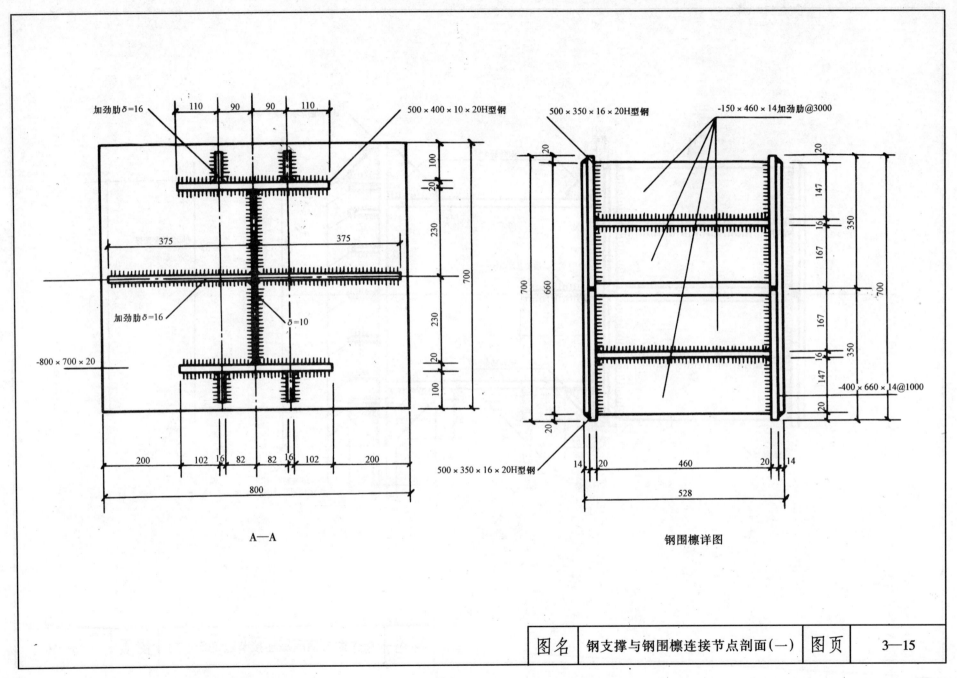

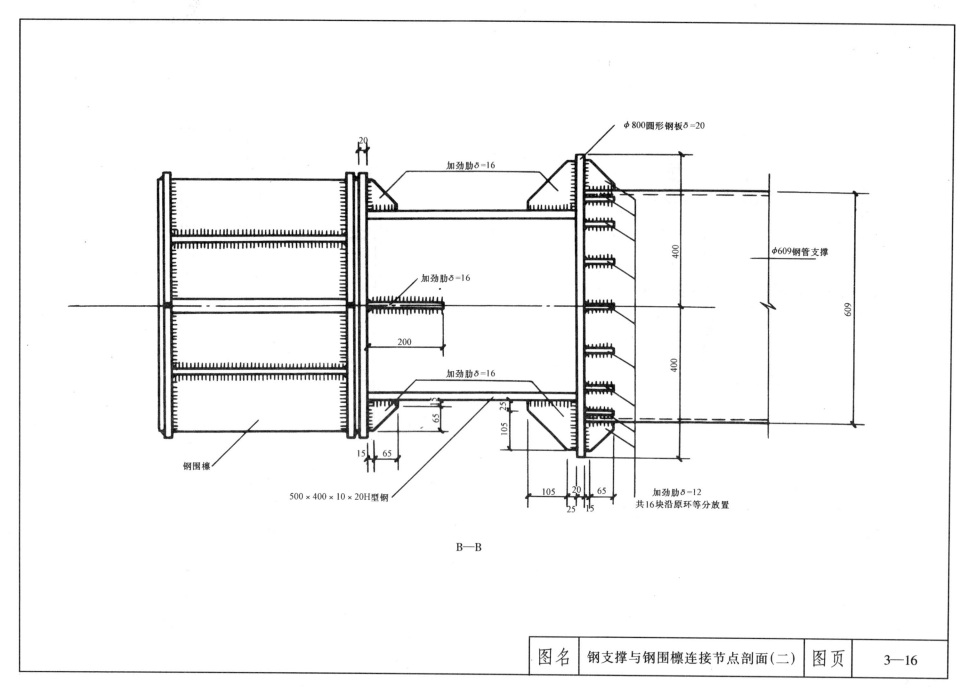

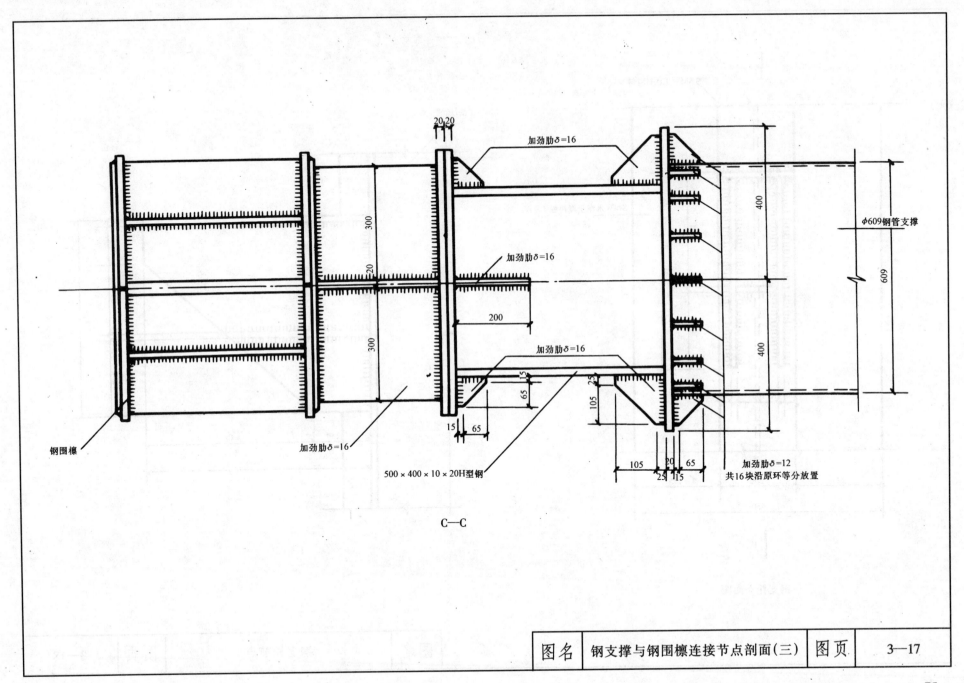

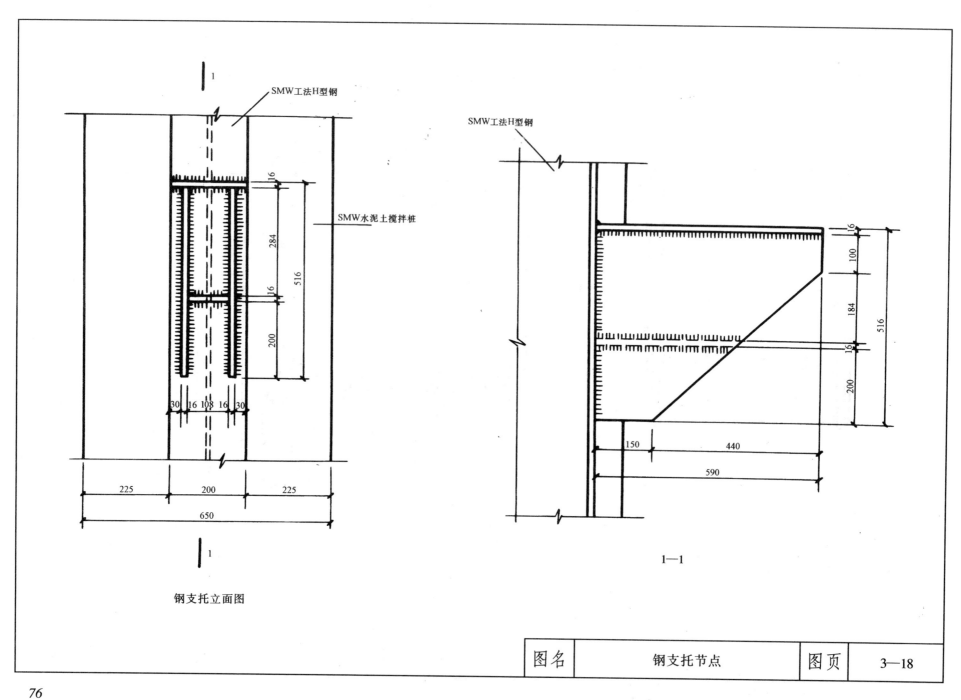

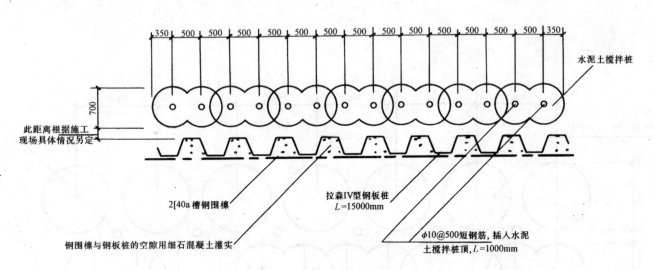

钢板桩加水泥土搅拌桩止水

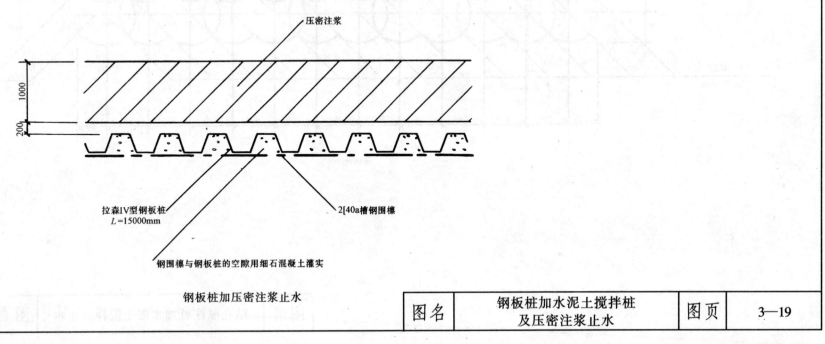

钢板桩加压密注浆止水

| 图名 | 钢板桩加水泥土搅拌桩及压密注浆止水 | 图页 | 3—19 |

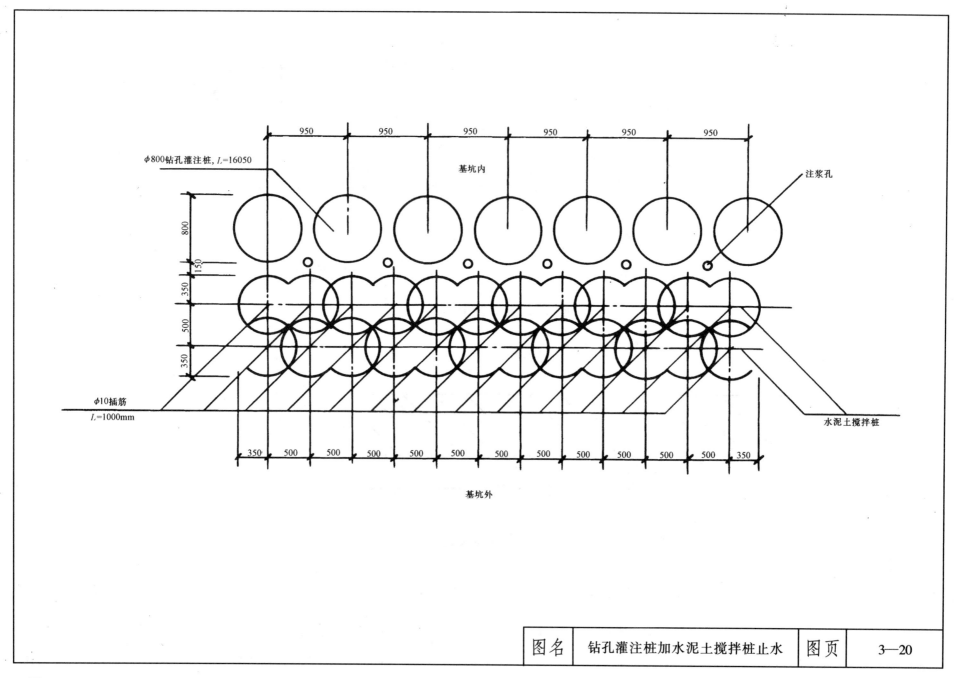

| 图名 | 钻孔灌注桩加水泥土搅拌桩止水 | 图页 | 3—20 |

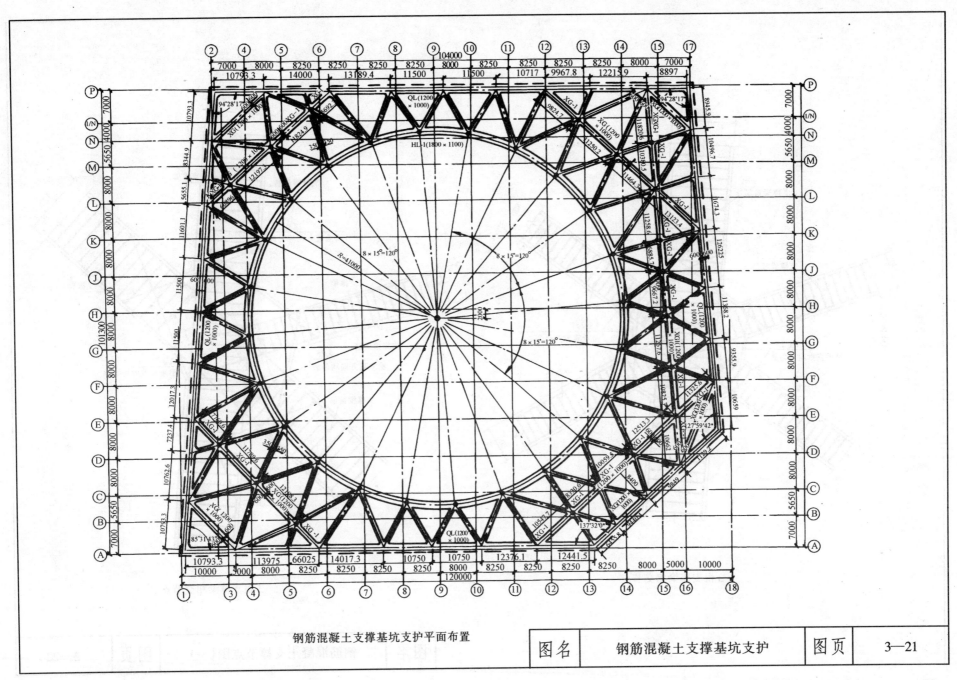

钢筋混凝土支撑基坑支护平面布置

| 图名 | 钢筋混凝土支撑基坑支护 | 图页 | 3—21 |

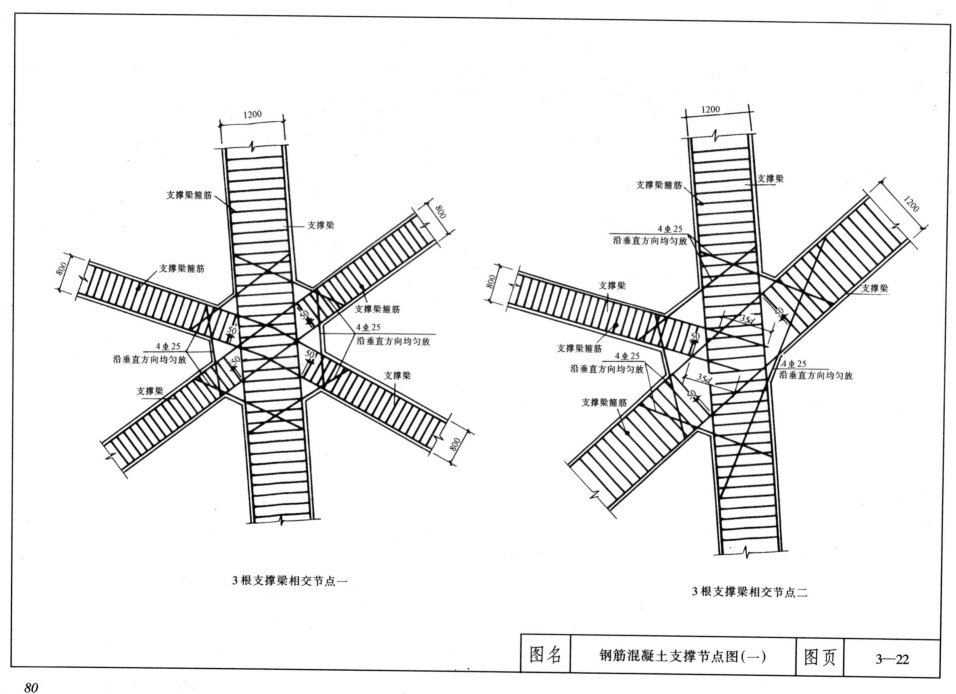

3根支撑梁相交节点一

3根支撑梁相交节点二

| 图名 | 钢筋混凝土支撑节点图（一） | 图页 | 3—22 |

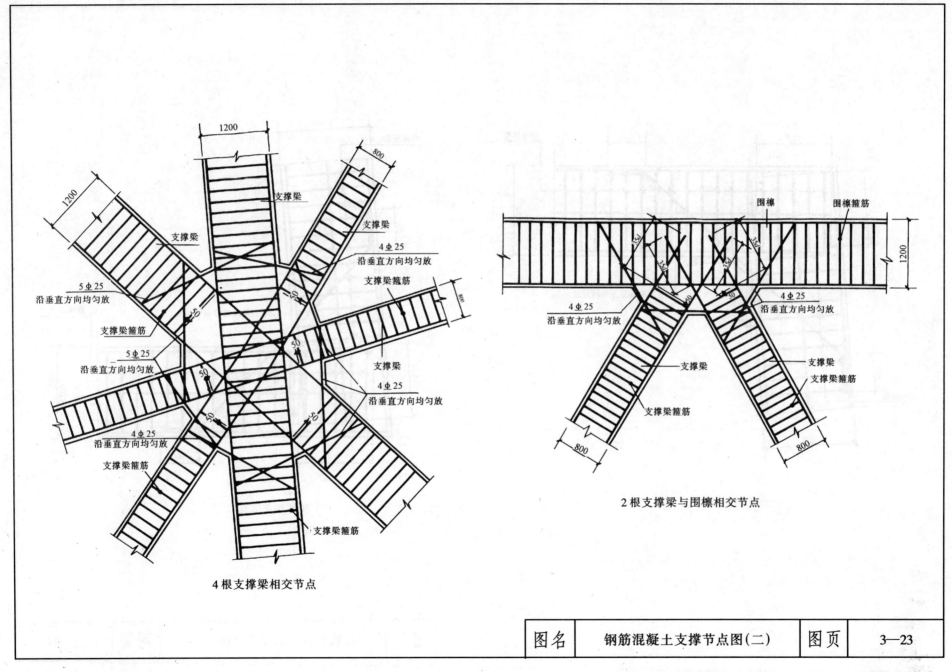

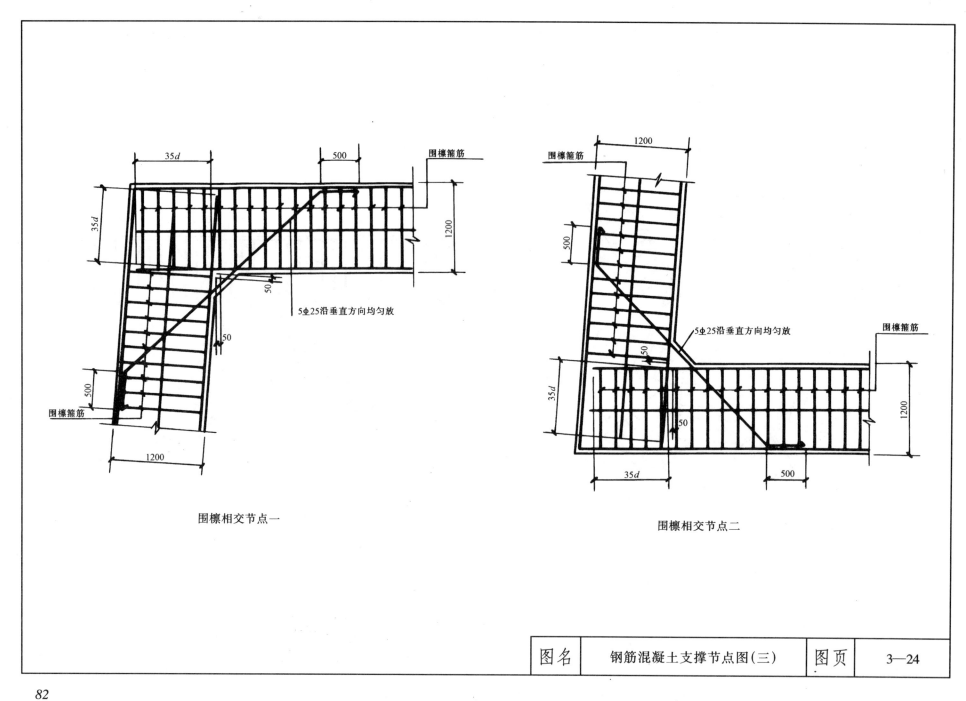

围檩相交节点一

围檩相交节点二

| 图名 | 钢筋混凝土支撑节点图(三) | 图页 | 3—24 |

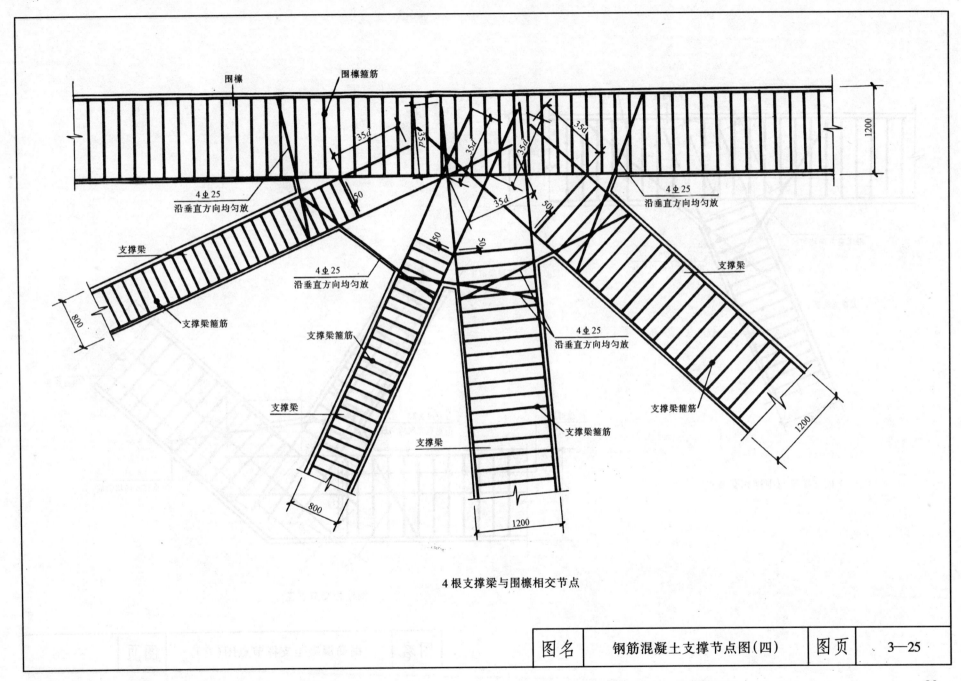

4根支撑梁与围檩相交节点

| 图名 | 钢筋混凝土支撑节点图(四) | 图页 | 3—25 |

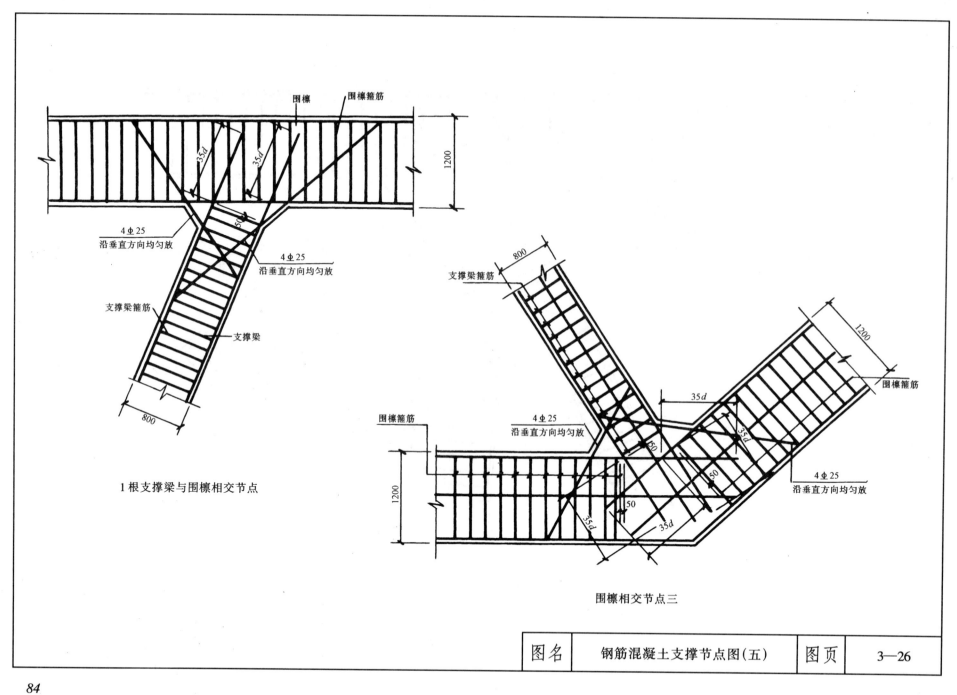

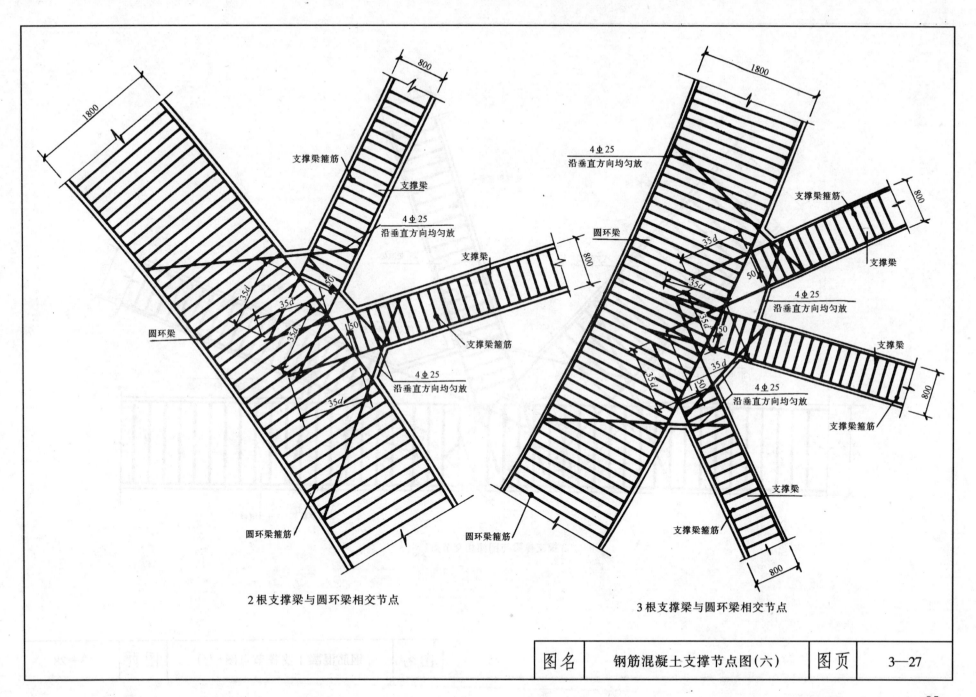

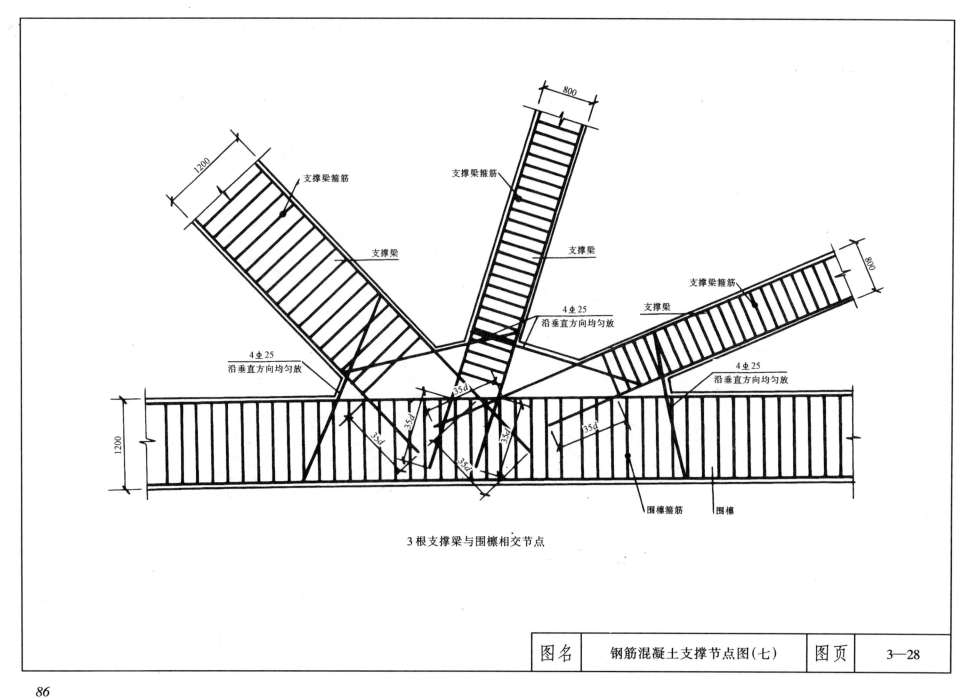

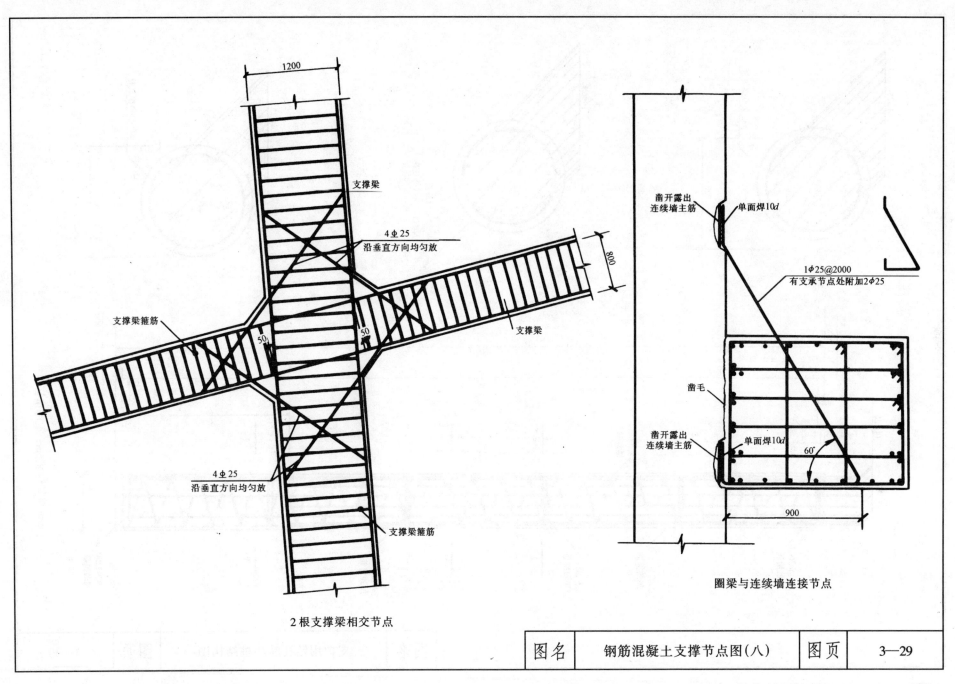

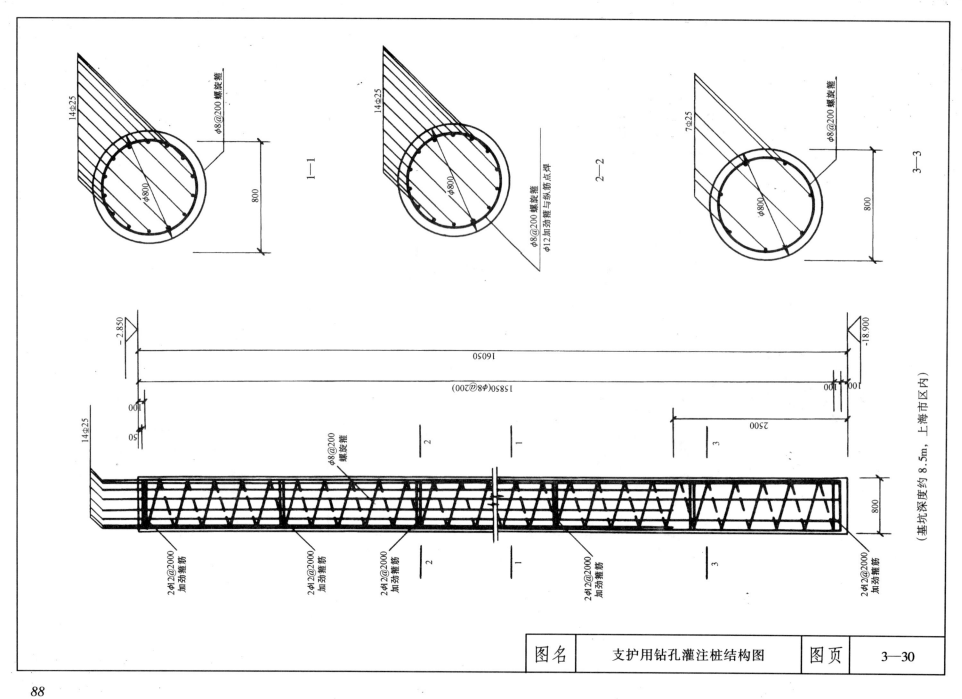

支护用钻孔灌注桩结构图 图页 3—30

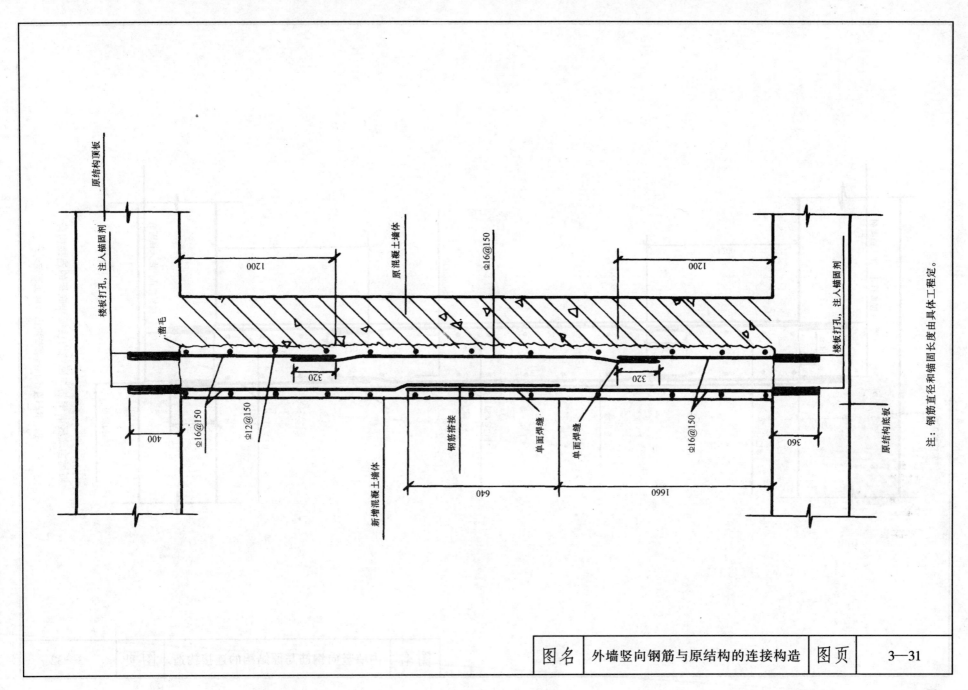

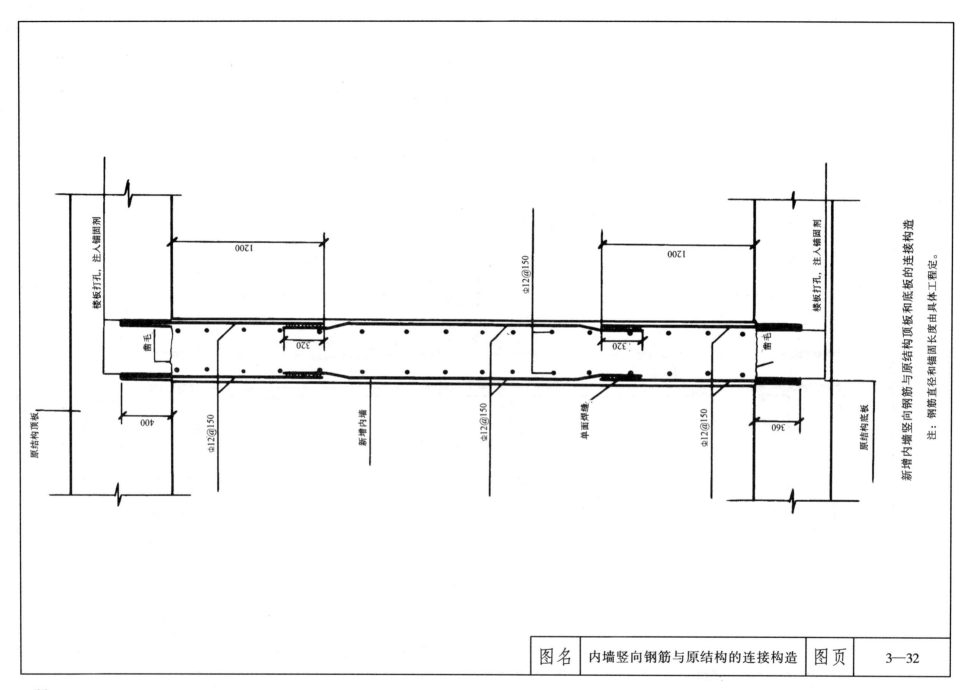

| 图名 | 内墙竖向钢筋与原结构的连接构造 | 图页 | 3—32 |

四、地下工程结构构造与防水

地下工程结构构造与防水施工要点

1. 一 般 规 定

（1）地下防水工程的防水混凝土结构、各种防水层以及渗排水和盲沟排水均应在地基或结构验收合格后施工。

（2）地下防水工程的防水施工期间，排水工作应符合以下规定：

地下防水工程的防水施工期间，地下水位应降低至防水工程底部最低标高以下不小于300mm，直到防水工程结束为止；

基坑周围地面水必须排除或控制，不得流入基坑；

基坑中不应积水，严禁带水或带泥浆进行地下防水工程的施工；

排水时应避免基土流失。

（3）采用基坑内排水降低地下水位时，集水井宜设置在距防水工程底边线外适当距离，且不得破坏基坑周围土层的构造。

（4）如果由于基底面积大而必须将集水井放在基坑内部时，应采用可与防水层紧密相连的集水井筒，在排水工程结束后用混凝土将井填实，并用螺栓或焊接等方法将井口封严。

（5）地下防水层需有管道、设备或预埋件穿过时，应在穿过处做好防水处理。地下防水层施工完成后，应避免再在其上凿眼打孔。

（6）地下防水工程施工过程中，应根据工程进度进行分项工程检查，并做好记录。隐蔽工程应经验收后，方可继续施工。

（7）当下一工序或相邻工程施工时，应对地下防水工程已完成的部分妥善保护，防止损坏。

2. 防水混凝土结构

（1）防水混凝土应采用普通混凝土或掺加外加剂的防水混凝土。防水混凝土在侵蚀性介质中使用时，其耐蚀系数不应小于0.8。

（2）防水混凝土的材料应符合下列规定：

水泥强度等级不宜低于42.5；

砂石除了应符合《普通混凝土用砂质量标准及检验方法》（JGJ52—92）和《普通混凝土用碎石或卵石质量标准及检验方法》（JGJ53—92）的规定外，石子的最大粒径不宜大于40mm，所含泥土不得呈块状或包裹石子表面，吸水率不大于1.5%；

水不得含有有害杂质；

外加剂根据具体情况采用。

（3）防水混凝土的配合比应通过试验选定。选定配合比时，应按设计要求的抗渗等级提高0.2MPa，其他各项技术指标应符合下列规定：

每立方米混凝土的水泥用量（包括粉细料在内）不少于320kg；

含砂率以35%~40%为宜，灰砂比应为1:2~1:2.5；

水灰比不大于0.6；

坍落度不大于5cm，如掺用外加剂或采用泵送混凝土时，不受此限；

| 图名 | 地下工程结构构造与防水施工要点 | 图页 | 4—1 |

掺用引气型外加剂的防水混凝土，其含气量应控制在3%～5%。

(4) 防水混凝土结构施工时，固定模板用的铁丝和螺栓不宜穿过防水混凝土结构。结构内部设置的各种钢筋以及绑扎铁丝，均不得接触模板。

(5) 如固定模板用的螺栓必须穿过防水混凝土结构时，应采取止水措施，一般采用下列方法：在螺栓或套管上加焊止水环（止水环必须满焊，环数应符合设计要求）或在螺栓上加堵头。

(6) 防水混凝土应用机械搅拌，搅拌时间不应少于2min。掺外加剂的防水混凝土应根据外加剂的技术要求选用搅拌时间。防水混凝土应用机械振捣密实。

(7) 底板混凝土应连续浇注，不得留施工缝。墙体一般只允许留设水平施工缝，其位置不应留在剪力与弯矩最大处或底板与侧壁交接处，一般宜留在高出底板上表面不小于200mm的墙身上。墙体设有孔洞时，施工缝距孔洞边缘不宜小于300mm。如必须留设垂直施工缝时，应留在结构的变形缝处。

(8) 在施工缝上继续浇注混凝土前，应将施工缝处的混凝土表面凿毛，清除浮粒和杂物，用水冲洗干净，保持湿润，再铺上一层20～25mm厚的水泥砂浆。水泥砂浆所用的材料和灰砂比应与混凝土的材料和灰砂比相同。

(9) 在防水混凝土结构中有密集管群穿过处、预埋件或钢筋稠密处、浇筑混凝土有困难时，应采用相同抗渗等级的细石混凝土浇筑；预埋大管径的套管或面积较大的金属板时，应在其底部开设浇筑振捣孔，以利排气、浇筑和振捣。

(10) 固定设备用的锚栓等预埋件，应在浇筑混凝土前埋入。如必须在混凝土中预留锚孔时，预留孔底部须保留至少150mm厚的混凝土。当预留孔底部的厚度小于150mm时，应按构造要求采取局部加厚措施。

(11) 防水混凝土凝结后，应立即进行养护，并充分保持湿润。养护时间不得少于14d。

(12) 防水混凝土结构的抗渗性能，应以标准条件下养护的防水混凝土抗渗试块的试验结果评定。抗渗试块的留置组数可视结构的规模和要求而定，但每单位工程不得少于两组。试块应在浇筑地点制作，其中至少一组应在标准条件下养护，其余试块应与构件相同条件下养护。试块养护期不少于28d，不超过90d。如使用的原材料、配合比或施工方法有变化时，均应另行留制试块。

(13) 防水混凝土冬期施工，宜采用暖棚法，并应符合国家标准《混凝土结构工程施工及验收规范》（GB50204—92）第七章冬期施工的有关规定。

(14) 防水混凝土不宜采用电热法养护。采用蒸汽养护时，不宜直接向混凝土喷射蒸汽，但应保持混凝土结构有一定的湿度，防止混凝土早期脱水，并应采取措施排除冷凝水和防止结冰。

(15) 地下防水工程墙体和底板上所有的预埋管道及预埋件，必须在浇筑混凝土前按设计要求予以固定，并经检查合格后，浇筑于混凝土内。穿墙管道预埋套管应设置止水环，环数应符合设计要求。止水环必须满焊严密。

(16) 变形缝（沉降缝、伸缩缝、抗震缝等）的处理应符合下列规定：

在不受水压的地下防水工程中，结构的变形缝应用加防腐掺合料的沥青浸过的毛毡、麻丝或纤维板填塞严密，并用纤维掺合料的沥青等材料封缝。在重要的结构中，墙的变形缝应做出沟槽，并填嵌严密。

墙的变形缝的填缝应根据墙的施工进度逐段进行，每300～500mm高应填缝一次，缝宽不宜小于30mm。

不受水压的卷材防水层，在变形缝处，除原有的卷材防水层外，应加铺两层抗拉强度较高的卷材，如玻璃布油毡或再生胶油毡等；

在受水压的地下防水工程中，当温度经常处于50℃以下并不受

| 图名 | 地下工程结构构造与防水施工要点 | 图页 | 4—2 |

强氧化作用时,结构的变形缝宜采用橡胶或塑料止水带;当有油类侵蚀时,应选用相应的耐油橡胶或塑料止水带。止水带应采用整条的,如必须接长或接成环状时,其接缝应焊接或胶结;

在受高温和水压的防水工程中,结构变形缝宜采用1~2mm厚的紫铜板或不锈钢板制成的金属止水带。金属止水带应是整条的,如需接长时,接缝应用焊接,焊缝应严密平整并经检验合格后方可安装;

采用埋入式橡胶或塑料止水带的变形缝施工时,止水带的位置应准确,圆环中心应在变形缝的中心线上。

止水带应固定,浇筑混凝土前必须清洗干净,不得留有泥土杂物,以免影响与混凝土的粘结。

采用夹板安装在预埋螺栓上的可卸式止水带与夹板之间以及与预埋件之间均应用石棉纸板或软金属片衬垫严密;

采用埋入式金属止水带时,其两侧边缘应有可靠的锚固措施;

止水带的接头应尽可能设置在变形缝的水平部位,不得设置在变形缝的转角处。转角处的金属止水带应做成圆弧形。

(17)后浇缝是一种刚性接缝,适用于不允许留柔性变形缝的工程。施工时应符合下列规定:

后浇缝留设的位置及宽度应符合设计要求;

后浇缝可留成企口缝、阶梯缝或平直缝;

后浇缝混凝土应在其两侧混凝土浇筑完毕,并间隔6个星期后再浇筑,在此间隔期间,应保持该部位清洁。后浇缝混凝土浇筑后,其养护时间不应少于4个星期;

后浇缝应优先选用补偿收缩混凝土浇筑,其强度应与两侧混凝土相同。施工温度应低于两侧混凝土施工时的温度,且宜选择气温较低的季节施工。浇筑前应将接缝处的混凝土表面凿毛、清洗干净,并保持湿润。

(18)水泥砂浆防水层细部处理:

露出基层的埋设件和管道等周围应剔出深30mm、宽20mm的环形凹槽(可根据埋设件或管径大小适当调整宽深尺寸),在水泥砂浆防水层施工前,先用水泥浆(水灰比0.37~0.4)及水泥砂浆将其填实,然后再做防水层。

地下防水工程的楼梯或门口均须做防水处理。楼梯间的装饰及踏步的防滑条等应在防水层抹完后再行施工。木制门应采用后塞口的作法,即在其他部位的防水层施工完毕后,再安装门框。

3.水泥砂浆防水层

(1)水泥砂浆防水层所用的材料应符合下列规定:

水泥宜采用强度等级不低于32.5的普通硅酸盐水泥或膨胀水泥,也可以采用矿渣硅酸盐水泥,同时考虑防水层是否受腐蚀介质作用;

外加剂宜采用氯化物金属盐类防水剂、膨胀剂或减水剂;

砂应符合《普通混凝土用砂质量标准及检验方法》(JGJ52—92)的规定;

水不得含有有害杂质。

(2)水泥砂浆和水泥浆的配合比根据防水要求、原材料性能和施工方法确定,掺外加剂或使用膨胀水泥的水泥砂浆配合比应按有关规定执行。

(3)掺外加剂水泥砂浆防水层不论迎水面或背水面都要分两层铺抹,表面要压光,总厚度不应小于20mm。

(4)刚性多层做法防水层在迎水面宜用五层交叉抹面做法,在背水面宜用四层交叉抹面做法。

(5)水泥砂浆应随拌随用,稠度宜控制在7~8cm。

(6)各种水泥砂浆防水层的阴阳角均应作成圆弧或钝角,一般圆弧半径在阴角为50mm,阳角为10mm。

(7)刚性多层做法防水层每层宜连续施工,不留施工缝,如果必须留施工缝时,应留成阶梯坡性槎,接槎位置一般在地面上,也可以留在

| 图名 | 地下工程结构构造与防水施工要点 | 图页 | 4—3 |

墙面上，但均需离开阴阳角200mm。

（8）水泥砂浆防水层无论迎水面或背水面的高度均应超出室外地坪不小于150mm。

（9）水泥砂浆防水层施工以及养护时的气温都不应低于5℃，掺氯化物金属盐类防水剂或膨胀剂的水泥砂浆不应在35℃以上或烈日下施工。

（10）水泥砂浆用普通硅酸盐水泥时，养护时间不应少于7d；用矿渣硅酸盐水泥时，养护时间不应少于14d，且在此期间不得受静水压作用。其他品种水泥的养护时间按专门的技术规定进行。

4. 卷材防水层

（1）卷材防水层应铺设在下列基层上：

整体的混凝土或钢筋混凝土结构；

整体的水泥砂浆找平层；

整体的沥青砂浆或沥青混凝土找平层。

（2）基层必须牢固、无松动现象，表面平整、清洁、干净，阴阳角均应作成圆弧或钝角。

（3）铺贴卷材防水层前基层要干燥，如果无法做到干燥，第一层卷材可以用沥青胶结材料紧贴在潮湿的基层上，必要时卷材防水层比设计的增加一层。立面铺贴卷材防水层时，基层表面在涂满冷底子油并且干燥后方可铺贴。

（4）沥青胶结材料的配合比、调制方法、试验方法应符合国家标准《屋面工程技术规范》（GB50207—94）有关的规定。防水层所用沥青的软化点应比基层及防水层周围的介质可能达到的最高温度高出20～25℃，且不低于40℃。其加热温度和使用温度应符合国家标准《屋面工程技术规范》（GB50207—94）的有关规定。

（5）地下卷材防水层宜采用耐腐蚀的卷材和玛琋脂，耐酸玛琋脂和耐碱玛琋脂的填充料应按不同的要求配合。

（6）粘贴卷材的沥青胶结材料厚度一般为1.5～2.5mm，卷材的搭接长度对长边不应小于100mm，短边不应小于150mm。

（7）在所有转角处应铺贴附加层，最后一层卷材贴好以后，应在其表面涂抹一层1～1.5mm厚的热沥青胶结材料。

（8）当立面卷材防水层铺贴在所需防水结构的外表面或卷材防水层铺贴在永久性保护墙的内表面时，应符合相关的构造要求。

（9）卷材防水层施工应在气温不低于5℃时进行，如果必须在气温低于5℃时施工，应采取措施以使每层沥青胶结材料的铺设厚度控制在2.5mm以内，铺好的防水层不得有裂缝或粘结不良的现象，否则应进行暖棚施工。

5. 沥青胶结材料防水层

（1）沥青胶结材料防水层主要用于防水混凝土结构或水泥砂浆防水层上，作为附加防水层。

（2）在侵蚀性介质中，如果使用沥青玛琋脂作为防水层时，宜采用耐腐蚀的填充料。

（3）沥青胶结材料防水层施工时应符合下列规定：

基层必须平整、清洁、干净；

基层必须涂满冷底子油并且干燥；

沥青胶结材料防水层一般涂2层，每层厚度为1.5～2mm。

沥青胶结材料所用沥青的软化点应比基层及防水层周围的介质可能达到的最高温度高出20～25℃，且不低于40℃。其加热温度和使用温度应符合国家标准《屋面工程技术规范》（GB50207—94）的有关规定。

（4）沥青胶结材料防水层施工应在气温不低于－20℃时进行，如果必须在气温低于－20℃时施工，应采取措施；炎热季节施工应采取

| 图名 | 地下工程结构构造与防水施工要点 | 图页 | 4—4 |

遮阳措施以避免沥青流淌。

6．金属防水层

（1）金属防水层一般铺设在防水建筑的内部。如果在浇注防水结构混凝土之前铺设金属防水层，拼接好的金属防水层应与防水结构的钢筋焊牢，或在金属防水层上焊一定数量的锚件以便能与结构连接牢固；如果在已浇注好的建筑上铺设金属防水层，金属板应连续焊接在结构的预埋件上；如果金属防水层先焊接成箱体再整体吊装就位，应在内部架设临时支撑以防箱体变形。

（2）金属防水层的金属板和焊条的规格和材料性能均应符合设计要求。

（3）金属板的拼接以及金属板与防水结构的连接均应采用焊接。焊接质量应符合国家有关规定。

（4）金属板焊好以后，应用探伤仪、气泡法、真空法、煤油渗透法等检查焊缝的严密性，如果发现有不合格或渗漏现象应进行修整或补焊直到合格为止。

（5）如果在已浇注好的建筑上铺设金属防水层，金属板焊缝检查合格以后，应将金属防水层和防水建筑间的空隙用水泥砂浆灌严。

（6）金属防水层所用的保护材料应符合设计要求。

（7）金属防水层与卷材防水层相连时，应将卷材防水层夹紧在金属防水层与夹板之间，夹板宽度不宜小于100mm，夹板下涂沥青胶结材料，并用沥青玻璃布油毡、再生胶油毡或金属片衬垫，然后用螺栓紧固。螺栓应焊在金属防水层或预埋在混凝土中。

7．渗排水、盲沟排水

（1）渗排水适用于地下水为上层滞水且防水要求较高的地下建筑。

（2）渗排水应符合以下规定：

渗排水层中埋渗水管时，相邻管端间应间隔10～15mm，水在管内汇集后排出，渗水管坡度一般为1%，不得有倒坡现象。

渗排水层所用的砂石根据地下水所含的介质确定，石料粒径宜为20～40mm，砂宜用中粗砂，含泥量不应大于2%。

渗排水层总厚度不宜小于300mm，如果较厚时，应分层铺填，每层厚度不超过300mm，凡与基坑土层接触处宜做5～15mm滤水层，厚度一般为100～150mm。

渗排水层包括滤水层的总厚度的偏差不宜超过+50mm。

渗排水层上覆土较薄且采用陶土管、无筋混凝土管作为渗排水管时，禁止机动车在上面行驶。

（3）盲沟排水一般适用于地基为弱透水性土层、地下水量不大、排水面积较小，常年地下水位低于地下建筑底板或丰水期短期地下水位稍高于地下建筑底板的地下防水工程。

（4）盲沟排水应符合以下规定：

盲沟的坡度应符合设计要求，沟内填粒径为60～100mm的砾石或碎石。

与土层接触的部位应设置粒径为5～10mm的粗砂或小碎石作为滤水层。

盲沟所用砂石应无杂质，含泥量不应大于2%；

盲沟出水口处应设滤水箅子以防砾石或碎石流失。

| 图名 | 地下工程结构构造与防水施工要点 | 图页 | 4—5 |

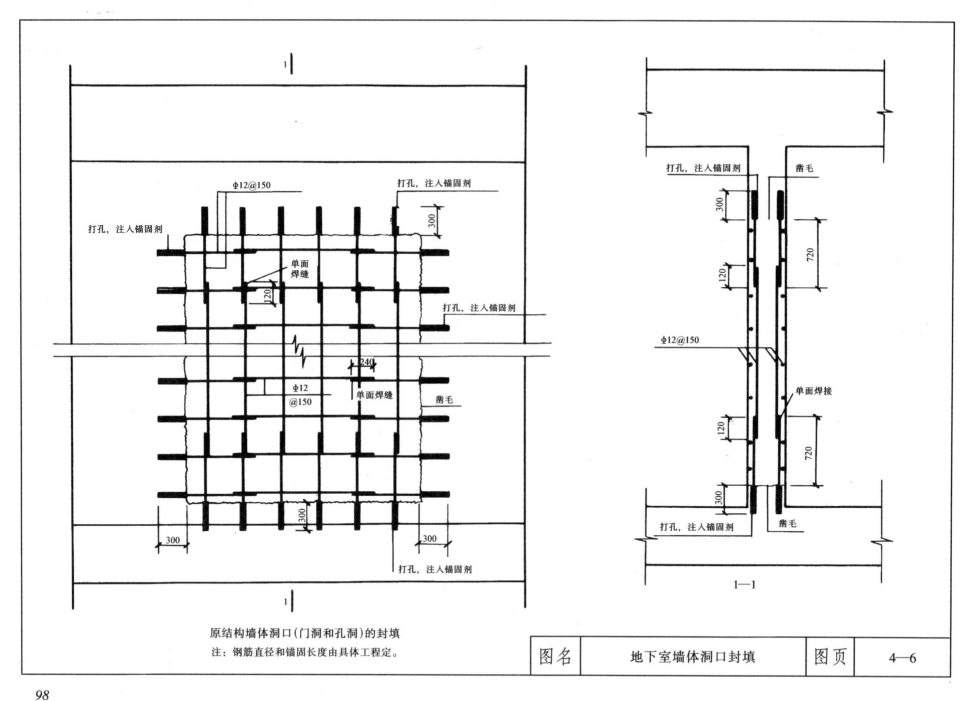

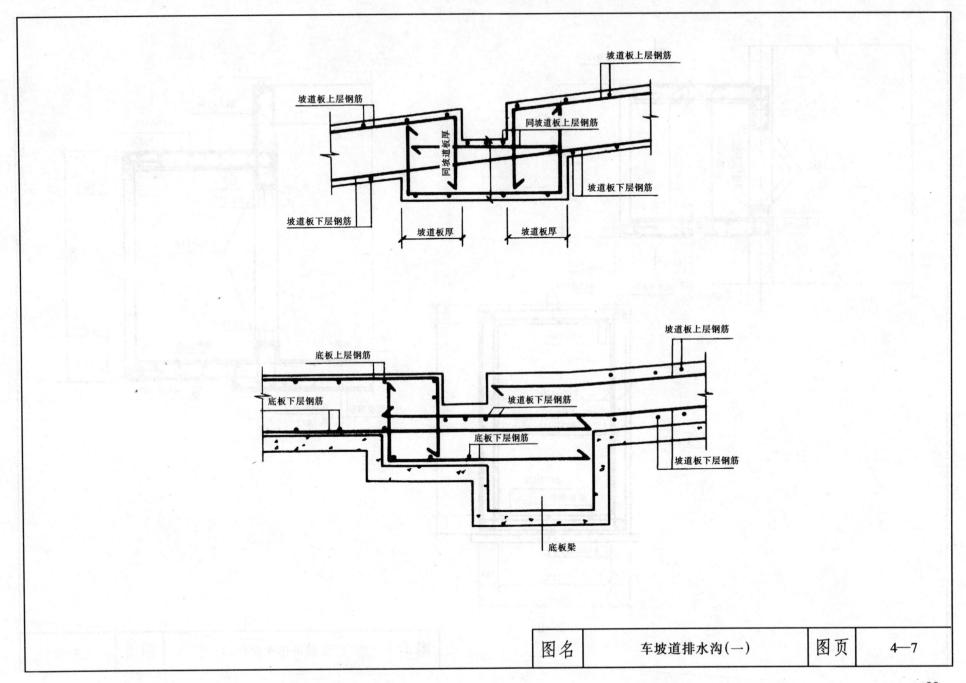

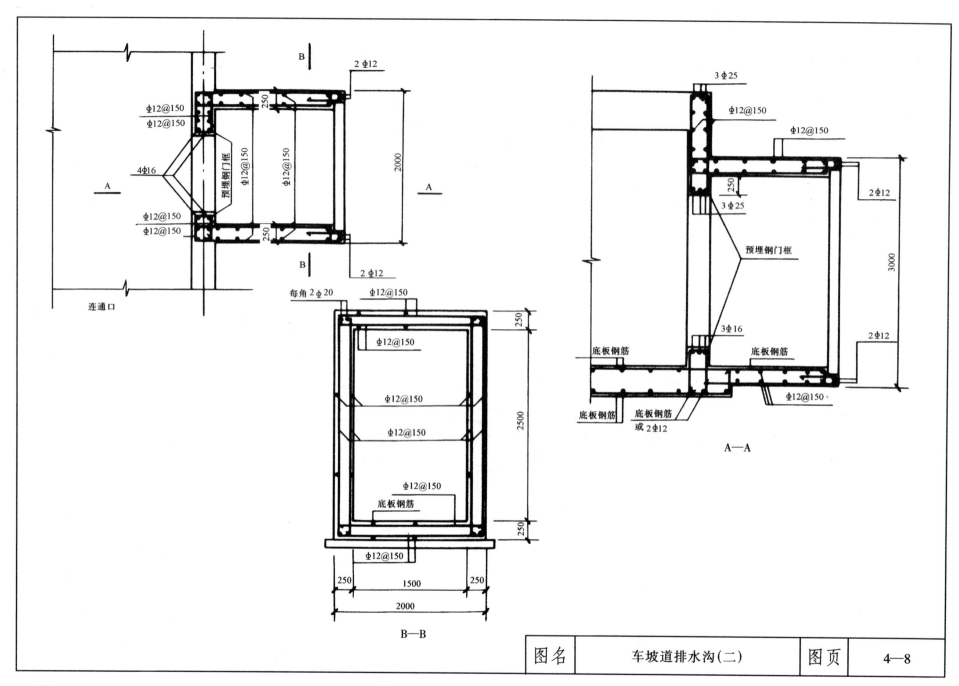

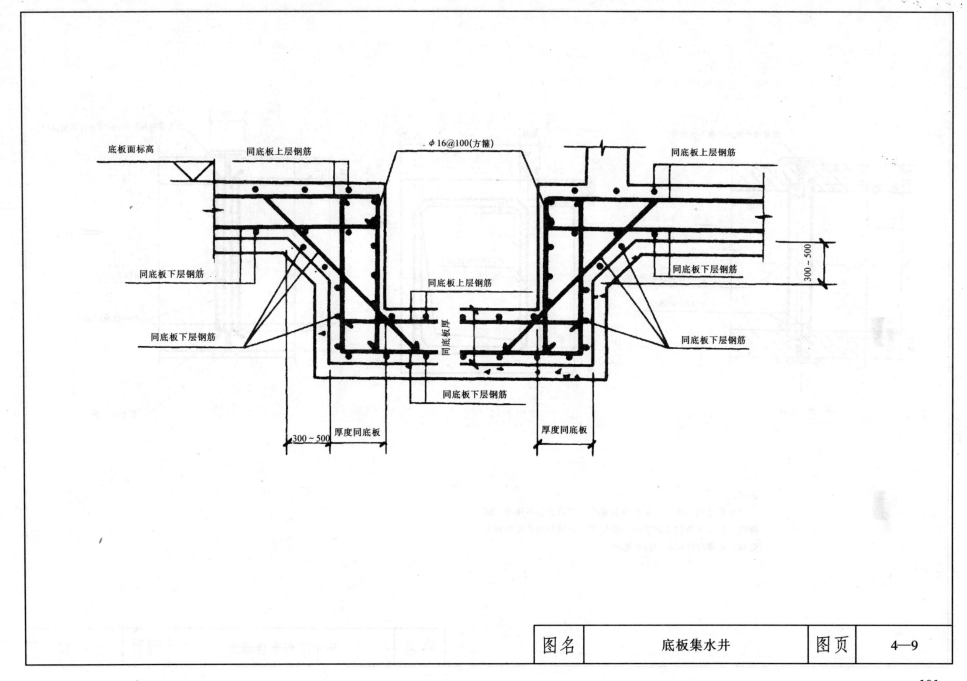

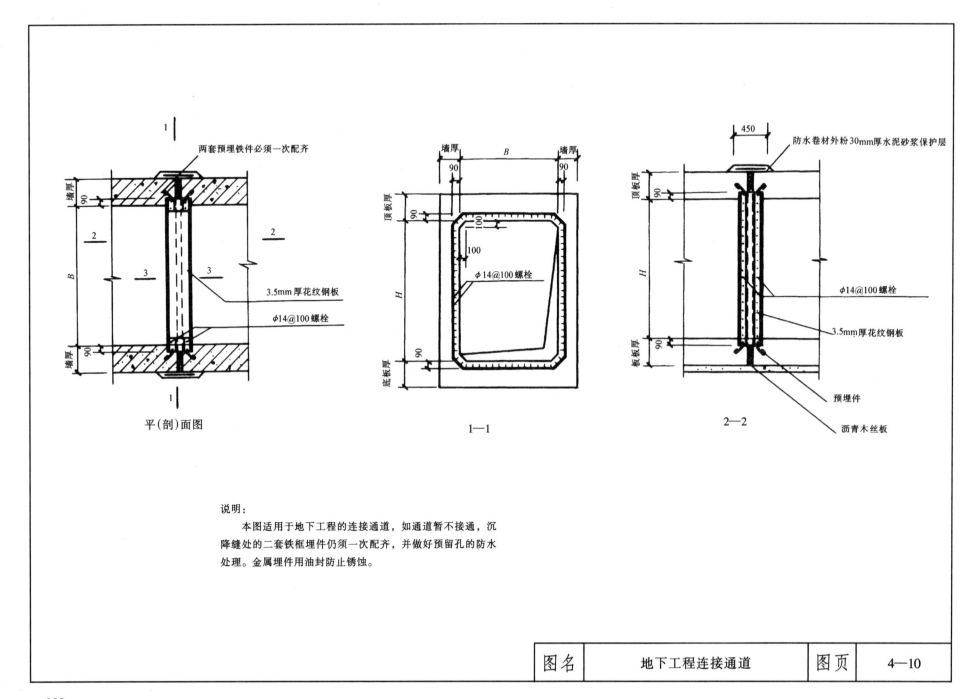

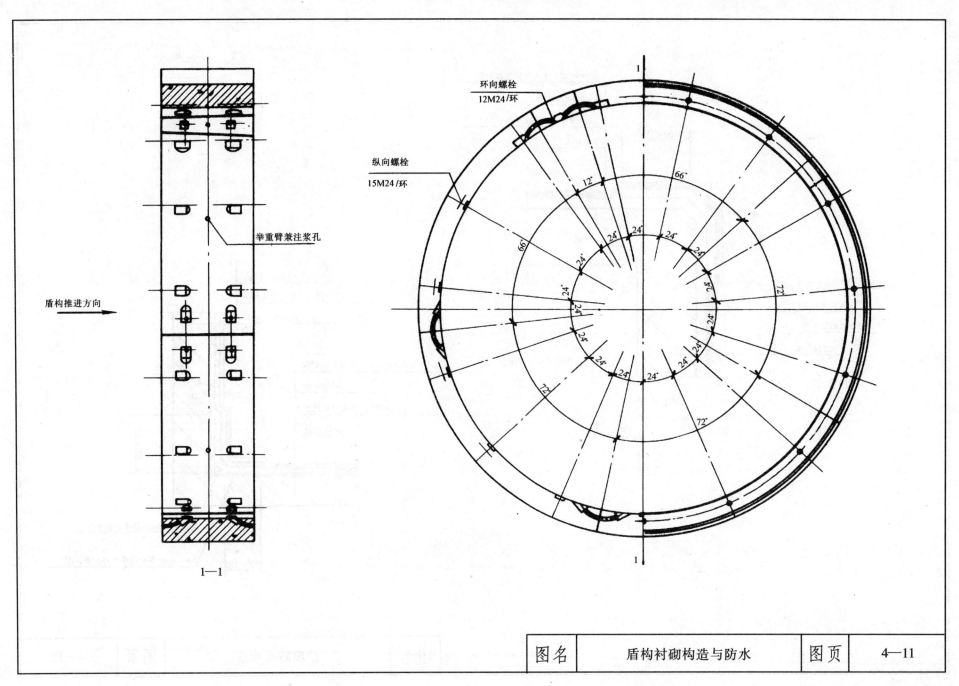

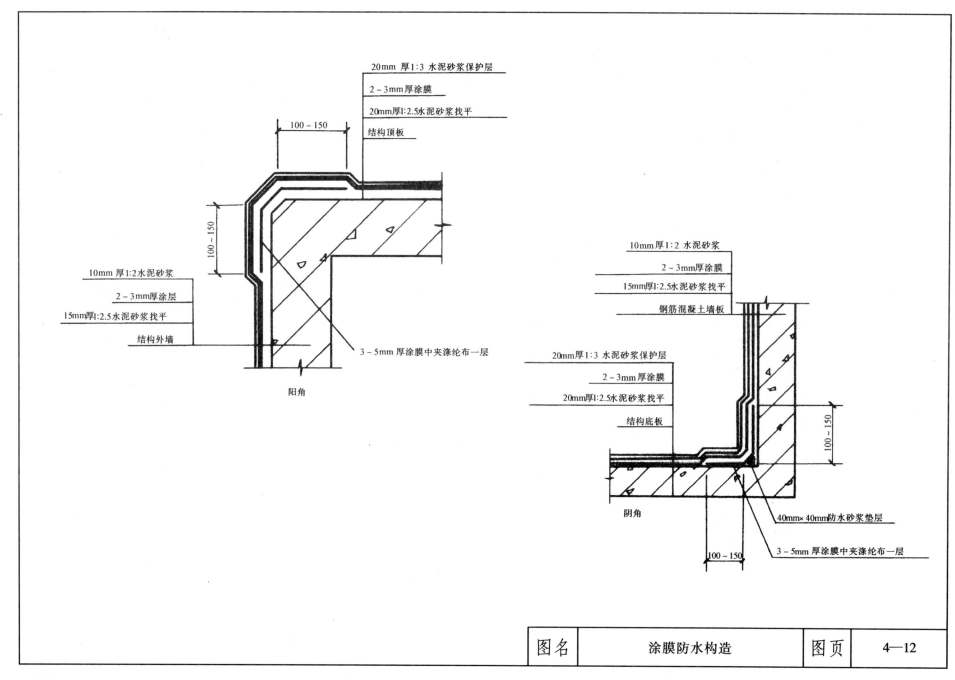

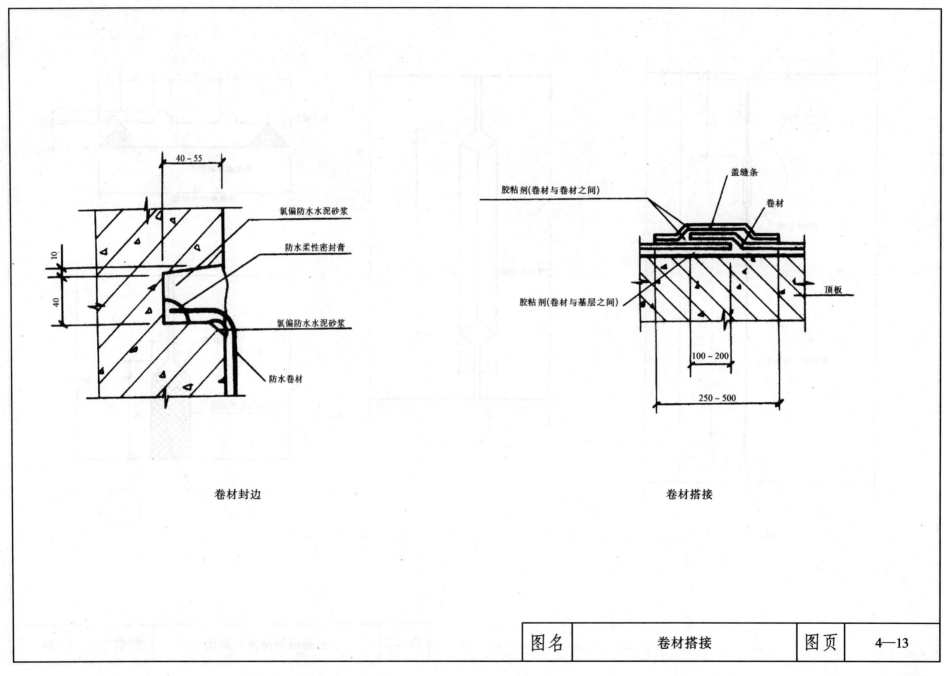

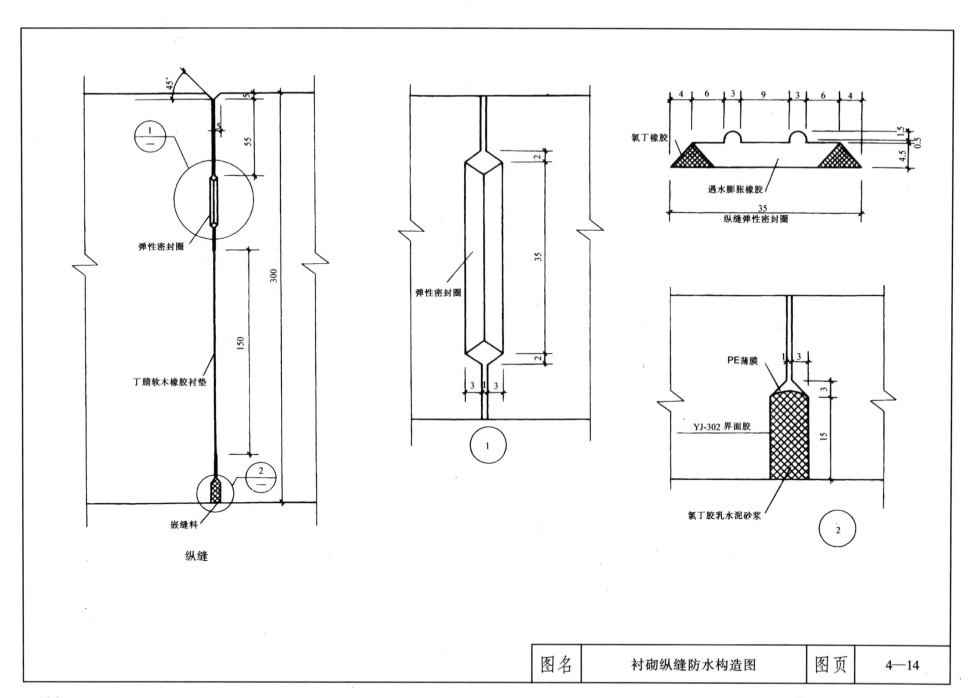

| 图名 | 衬砌纵缝防水构造图 | 图页 | 4—14 |

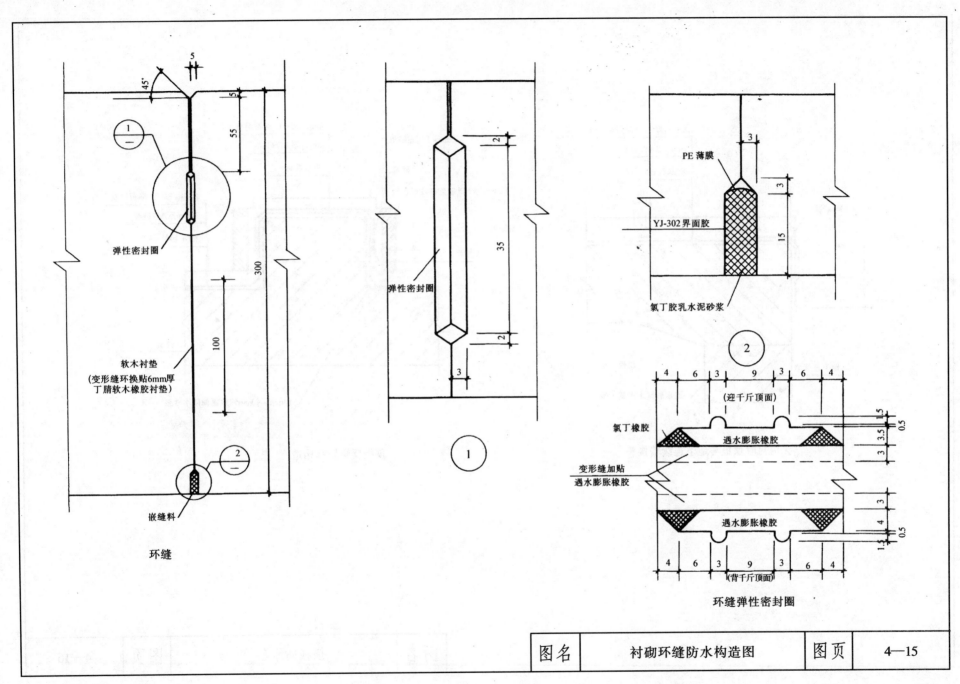

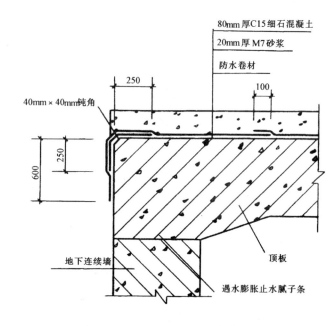

无内衬时顶板与地下连续墙接头

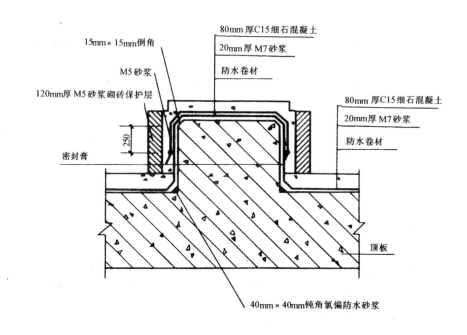

顶板反梁防水构造

| 图名 | 顶板防水(一) | 图页 | 4—16 |

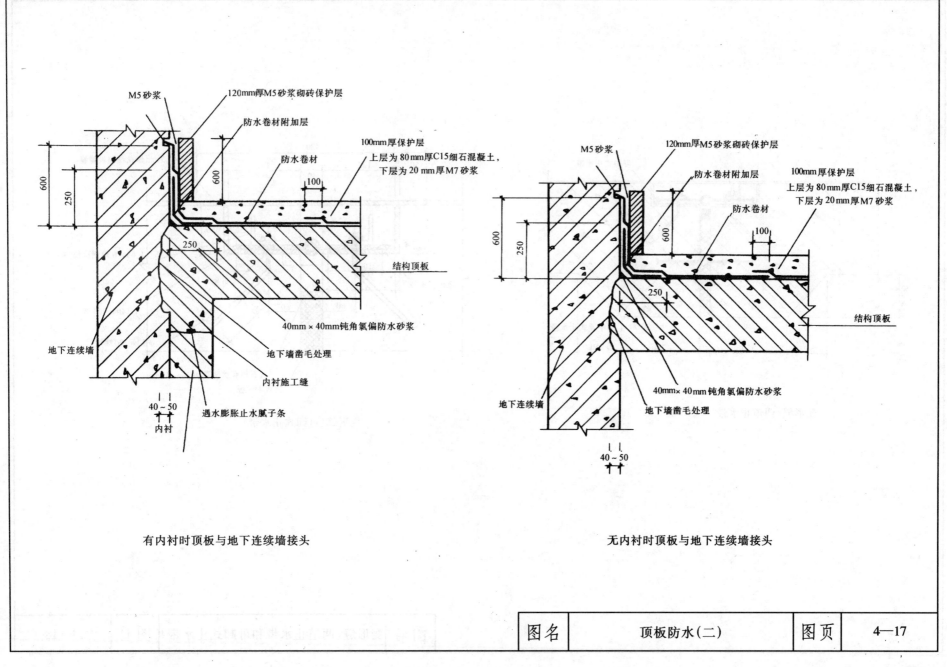

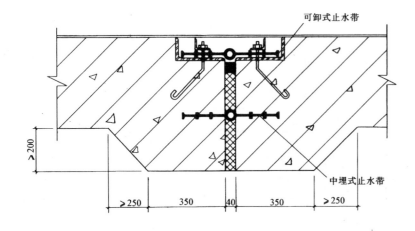

变形缝(两道止水带)

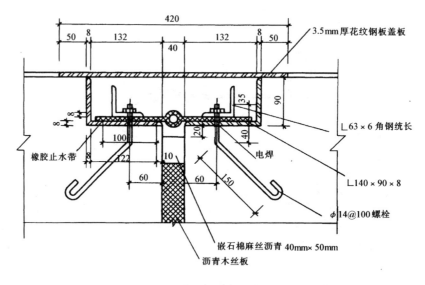

变形缝(可卸式止水带)

| 图名 | 变形缝(两道止水带和可卸式止水带) | 图页 | 4—18 |

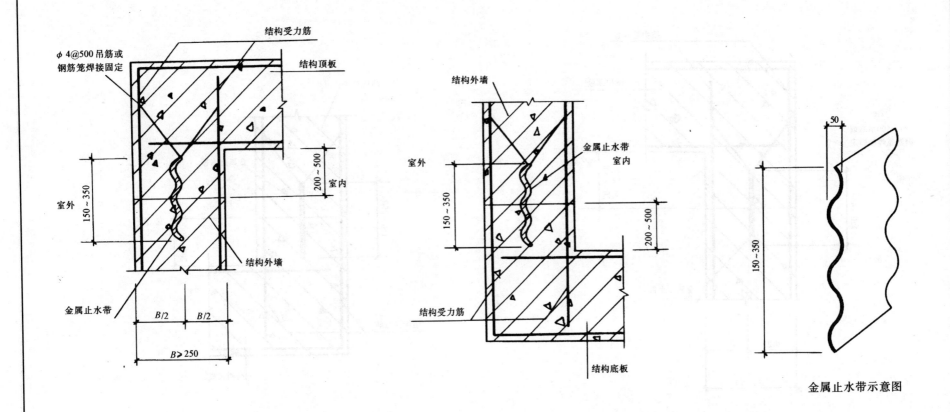

说明：
金属止水带一般选用大于1.5mm厚的镀锌钢板或1.0~3.0mm厚的普通钢板或紫铜片，宽度宜大于或等于200mm且小于或等于混凝土结构厚度。

| 图名 | 金属止水带(一) | 图页 | 4—19 |

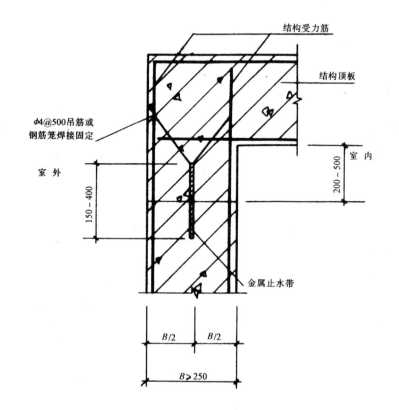
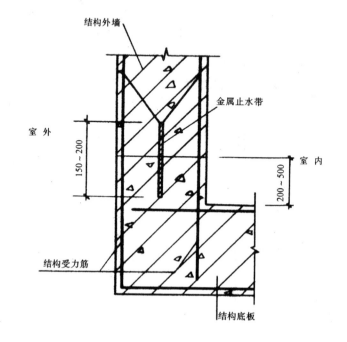

说明：
金属止水带一般选用大于1.5mm厚的镀锌钢板或1.0~3.0mm厚的普通钢板或紫铜片，宽度宜大于或等于200mm且小于或等于混凝土结构厚度。

| 图名 | 金属止水带（二） | 图页 | 4—20 |

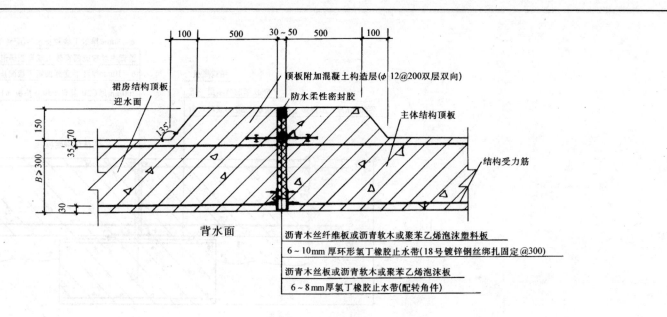

顶板变形缝

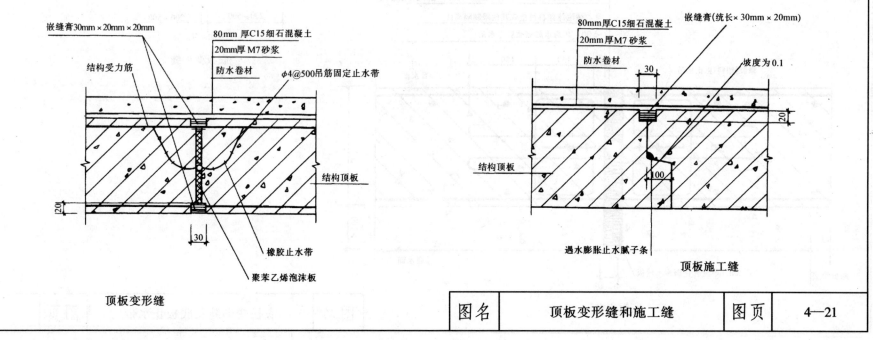

| 图名 | 顶板变形缝和施工缝 | 图页 | 4—21 |

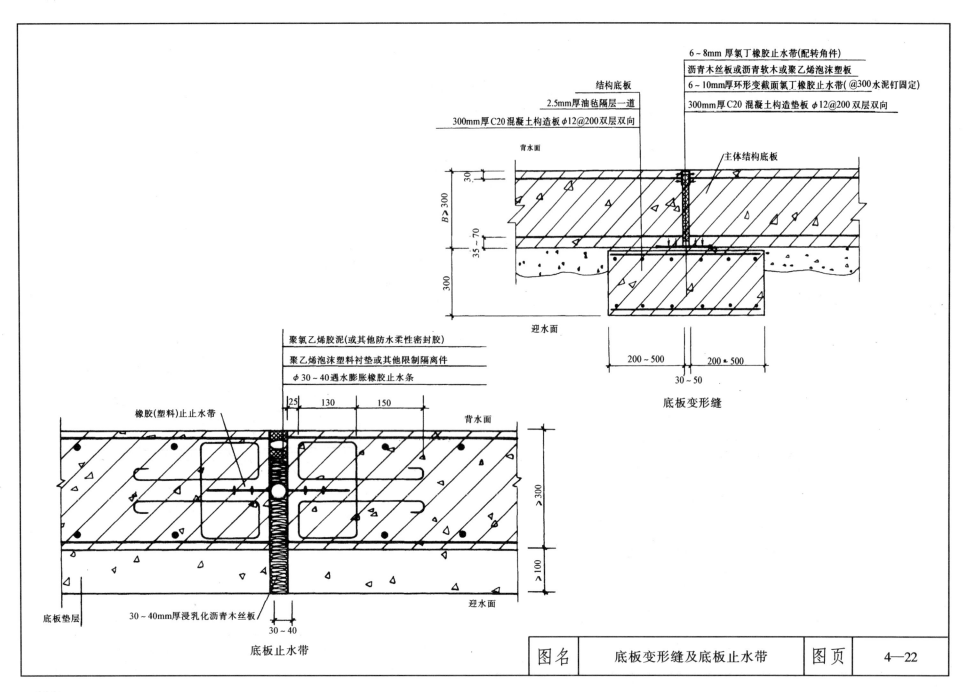

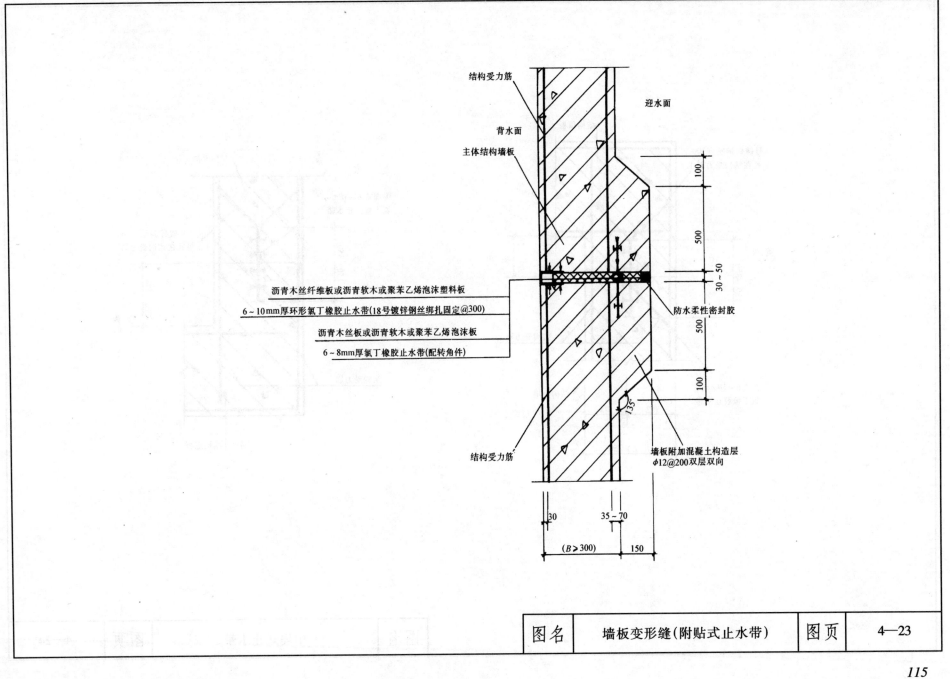

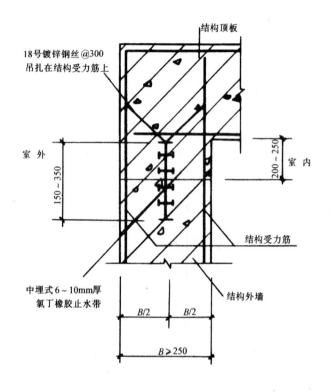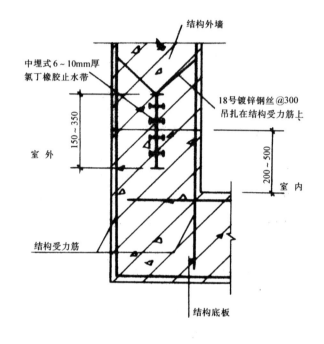

| 图名 | 中埋式止水带 | 图页 | 4—24 |

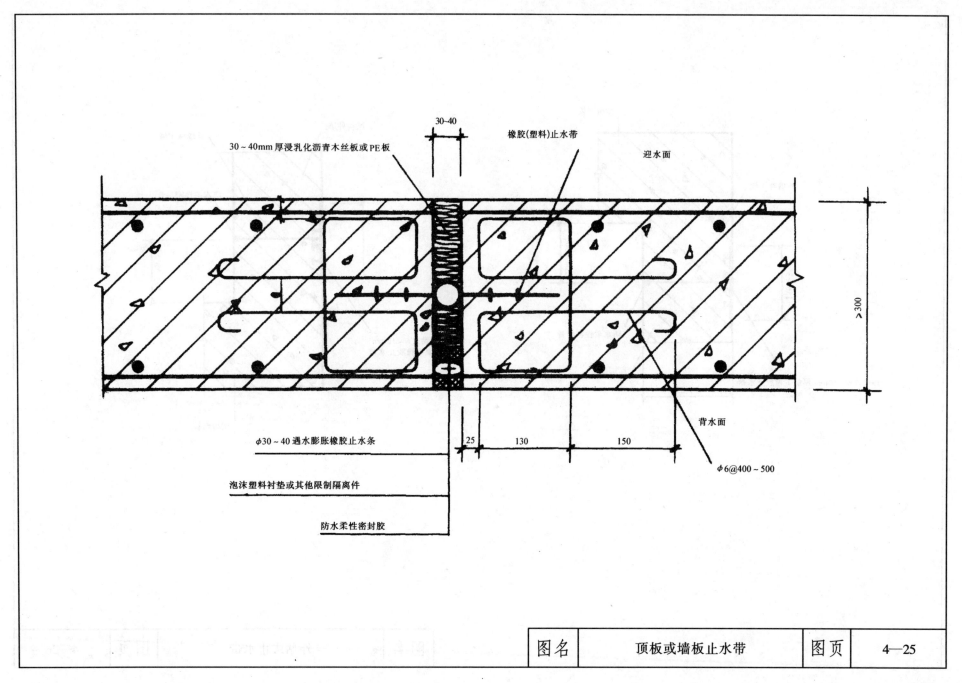

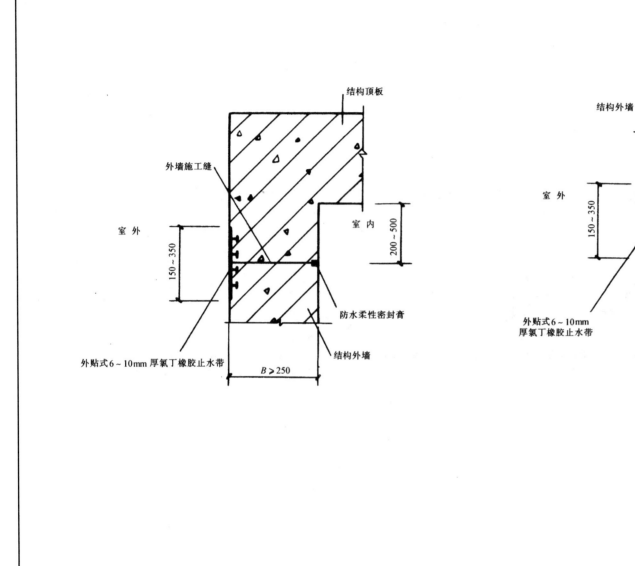

| 图名 | 外贴式止水带 | 图页 | 4—26 |

五、施工用塔吊基础和栈桥结构

施工用塔吊基础和栈桥结构施工要点

1. 塔吊基础

（1）一般规定

1）塔吊的选择应根据工程具体情况、施工条件以及塔吊自身的相关参数（幅度、起重量、起重力矩和吊钩高度）进行选择。

2）塔基安装后，在无荷载的情况下，塔身垂直度偏差不得超过3/1000，塔身自由高度应符合原厂的规定。

3）深基坑塔吊基础的设置主要有三种方式：坑外、坑边和坑内设置塔吊基础，应根据不同的工程情况进行选择。

（2）基坑外布置塔吊基础

1）基坑外布置塔吊基础一般采取桩基加塔基承台的形式，桩基形式常用与工程桩或支护桩一致的桩型。

2）塔吊基础设置在基坑外，一般采取附着式进行顶升，并用附着撑杆调节垂直度使其满足规定值。每道附着支撑的布置方式、相互间距及附墙间距应按原厂规定，如果有特殊情况，须进行塔吊结构及撑杆的强度和稳定性校核。

3）顶升时须使吊臂和平衡臂处于平衡状态，并制动回转部分。顶升到一定高度后先要将塔身附着在建筑物上后方可继续顶升。

4）风力达到四级以上时不得继续顶升、安装、拆卸作业，如突遇大风则立即停止作业并将塔身固定。

（3）基坑边布置塔吊基础

1）塔吊基础设置在基坑边，一般利用支护桩（壁）作为部分塔吊基础，另外在支护桩（壁）外补桩形成塔吊基础。

2）基坑边布置塔吊，基坑外的补桩可以采用与支护桩一致的桩型同时施工，以便塔吊在深基础工程中及时投入使用。

3）基坑边布置塔吊一般也采用附着式顶升，顶升要求同基坑外塔吊的施工规定。

（4）基坑内布置塔吊基础

1）基坑内布置塔吊基础一般采取内爬式进行顶升，塔吊搁置部位结构强度要达到100%设计强度后方可顶升。

2）基坑内布置塔吊基础，可以采取钻孔灌注桩加钢格构柱的形式。在钢格构柱间焊上系杆以保证稳定。

2. 栈桥

（1）栈桥的布置方式以及施工方案要综合考虑深基坑施工过程中的各个要素，择优选用栈桥施工方案。

（2）栈桥施工一般顺序为：基础→立柱→栈桥梁→桥面。

（3）基础一般均利用工程桩，其施工工艺同钻孔灌注桩。

（4）钢格构立柱的垂直度误差不大于1%，插入钻孔灌注桩的有效深度不小于3m，坑底标高以上6m范围内必须有混凝土握裹（可计入钻孔灌注桩浇注时溢出的劣质混凝土），以保证立柱的稳定。

（5）栈桥梁可以伴随着支撑结构的施工和土方的开挖同时进行，施工流程为：测量放线→基槽施工→钢格构柱顶清理→栈桥梁素混凝土底模施工（土方开挖后底模拆除）→绑扎钢筋→安装侧面模板及固

| 图名 | 施工用塔吊基础和栈桥结构施工要点 | 图页 | 5—1 |

定检测沉降钉埋设→混凝土浇注→混凝土养护→拆模清理。

（6）栈桥面如为现浇钢筋混凝土则可以和栈桥梁一起施工，如果采用预制路基箱作为桥面，需等到栈桥梁强度达到80%后再铺设，路基箱和栈桥梁之间加一层木板和草包衬垫，路基箱之间用Φ20钢筋固定。

| 图名 | 施工用塔吊基础和栈桥结构施工要点 | 图页 | 5—2 |

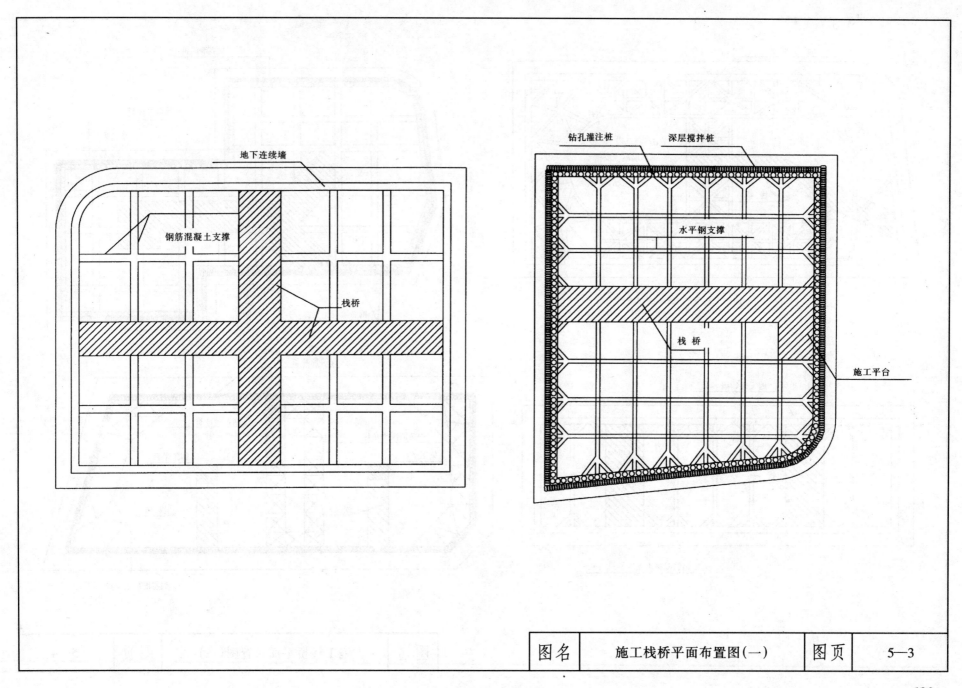

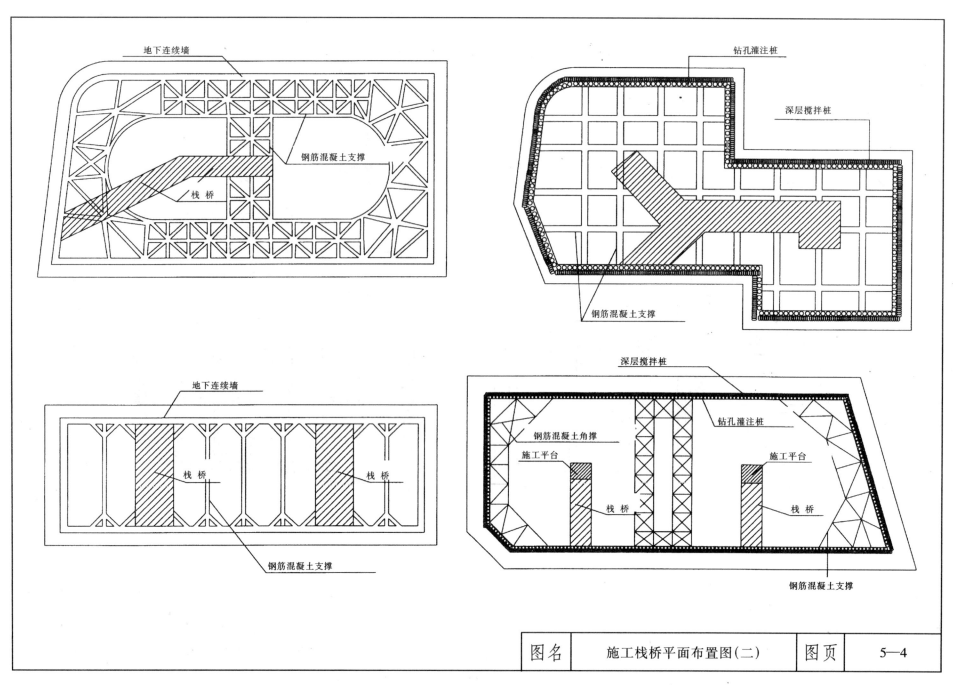

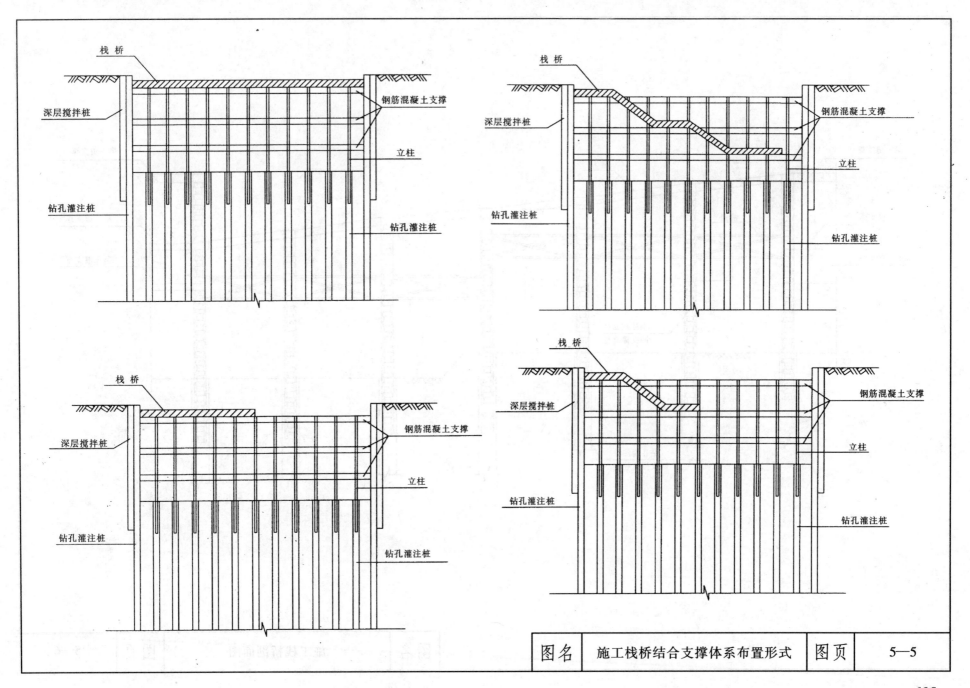

施工栈桥结合支撑体系布置形式 图页 5—5

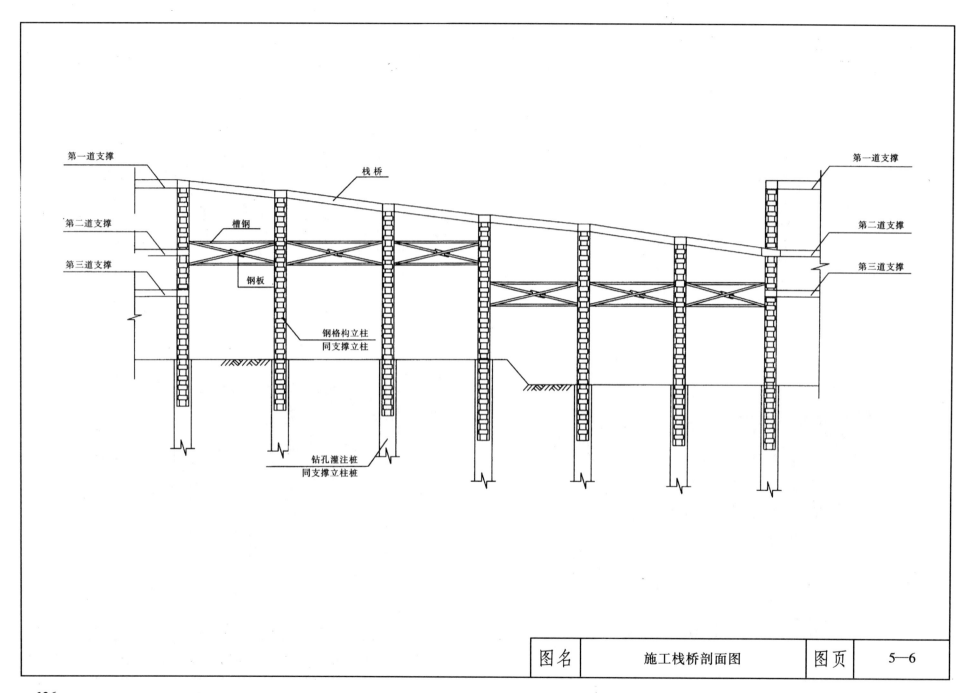

施工栈桥剖面图　5—6

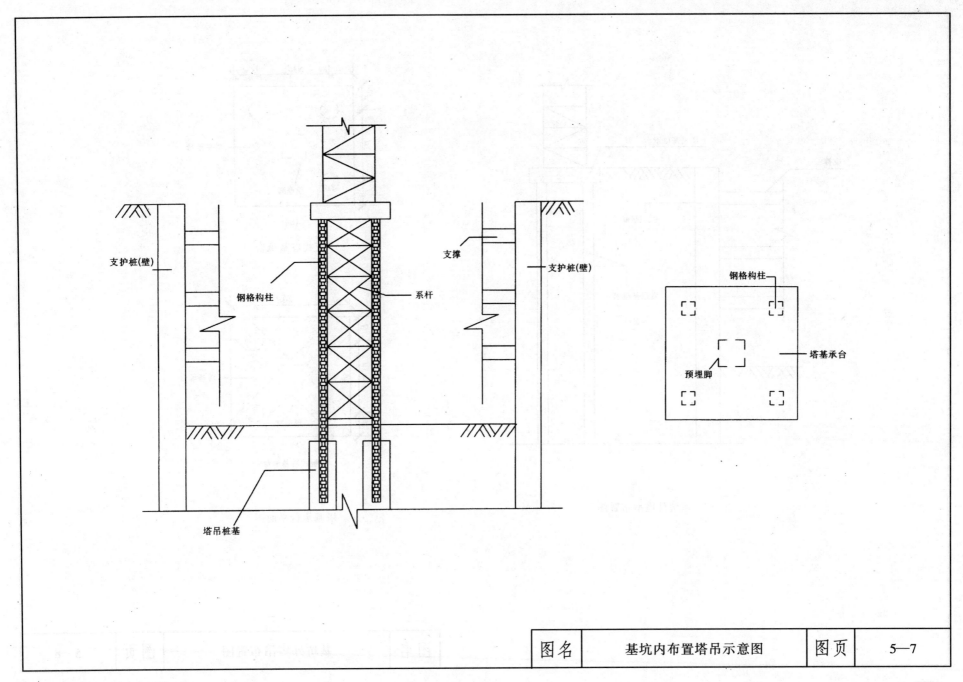

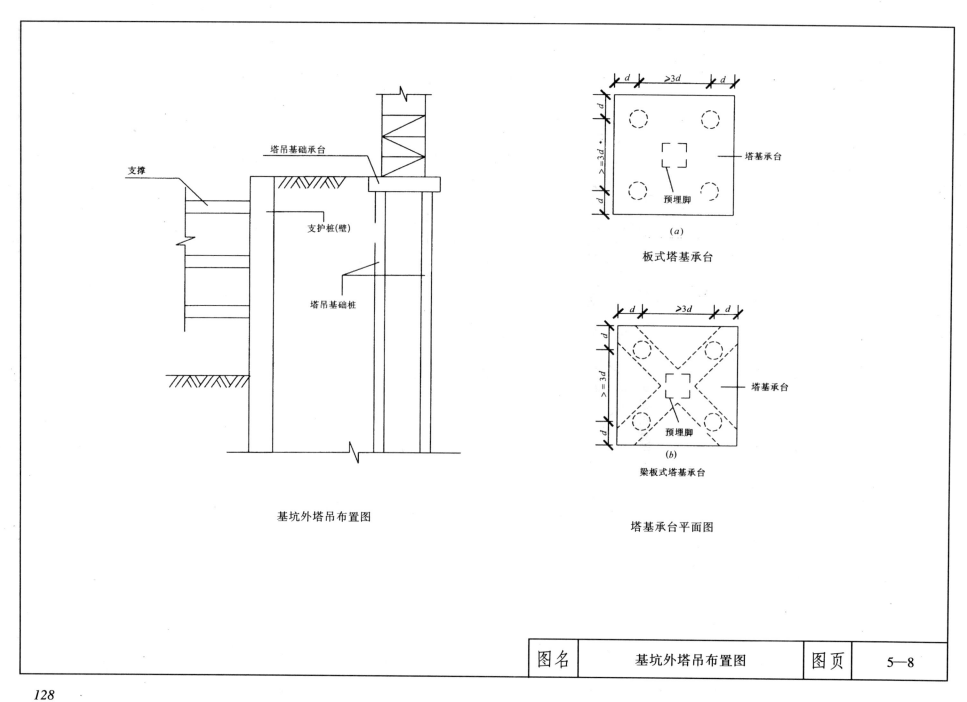

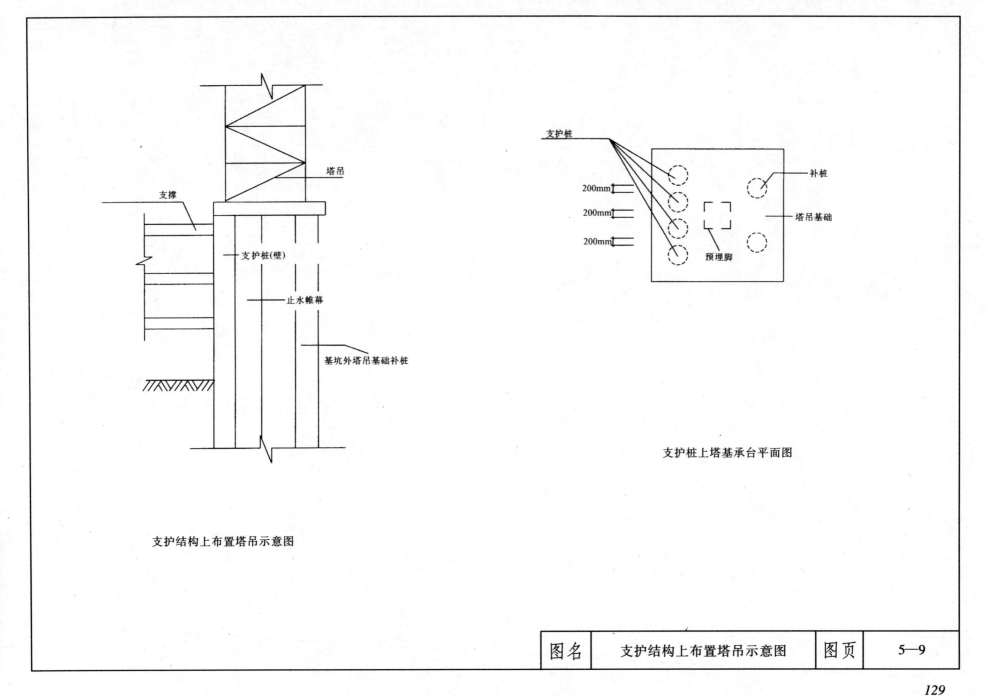

六、地下基础结构工程实例

某地下室支护结构施工说明

一、概　　述

某地下室基坑平面呈不规整多边形，开挖深度有多种，最深 6.3m，最浅 4.25m。支护壁采用钻孔水泥土搅拌桩挡土和止水，在施工场地受限制的局部区域，采用钻孔灌注桩挡土、水泥土搅拌桩止水。为了控制支护壁的变形，在钻孔灌注桩挡土区域设一道钢筋混凝土支撑，支撑采用角撑的形式

二、材　　料

1. 钻孔灌注桩、钢筋混凝土支撑和顶板的混凝土强度等级均为 C30；
2. 水泥土搅拌桩采用强度等级为 42.5 的普通硅酸盐水泥，水泥掺量 13%，另加 0.25% 木质素。
3. 钢筋采用Ⅰ级钢（ϕ）和Ⅱ级钢（Φ）。

三、施工步骤及要求

1. 施工钻孔灌注桩和水泥土搅拌桩挡墙。
2. 清除表层杂填土，施工钢筋混凝土圈梁、支撑和水泥土搅拌桩桩顶路面板，并做好坑内降水工作（降水方案可由施工单位酌情决定，但必须有效）。
3. 开挖基坑土方。挖至坑底时应随挖随做垫层，对于局部深坑区域，更要及时浇筑混凝土斜坡垫层。
4. 在土方工程完成后，立即进行钢筋混凝土底板的施工，并做好底板与支护壁的传力带（传力带具体做法另定）。
5. 待底板和传力带达到设计强度 70% 后，拆除支撑，施工地下室结构至 ±0.000 标高。

四、其　　他

施工中应遵守现行的各项规范之规定，其他未尽事宜，设计交底时解决。

| 图名 | 实例一：支护结构施工说明 | 图页 | 6—1 |

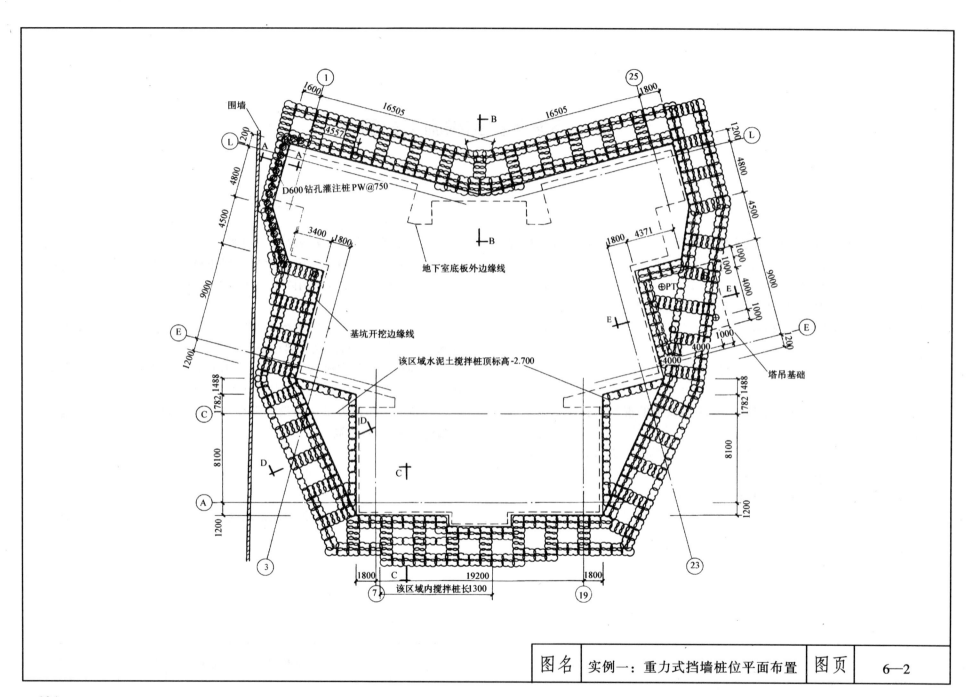

| 图名 | 实例一：重力式挡墙桩位平面布置 | 图页 | 6—2 |

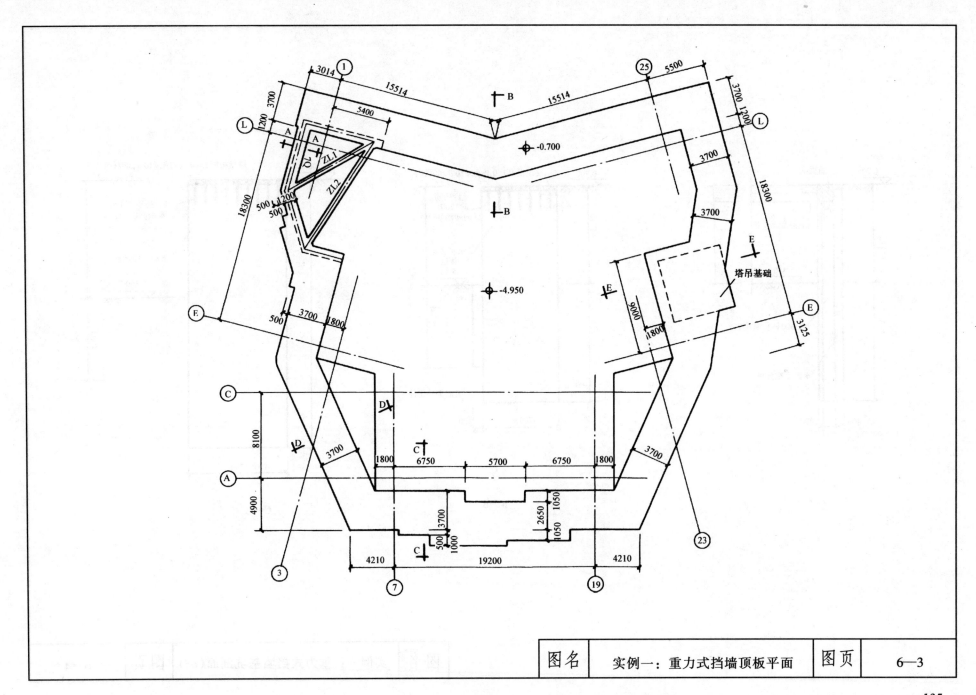

| 图名 | 实例一：重力式挡墙顶板平面 | 图页 | 6—3 |

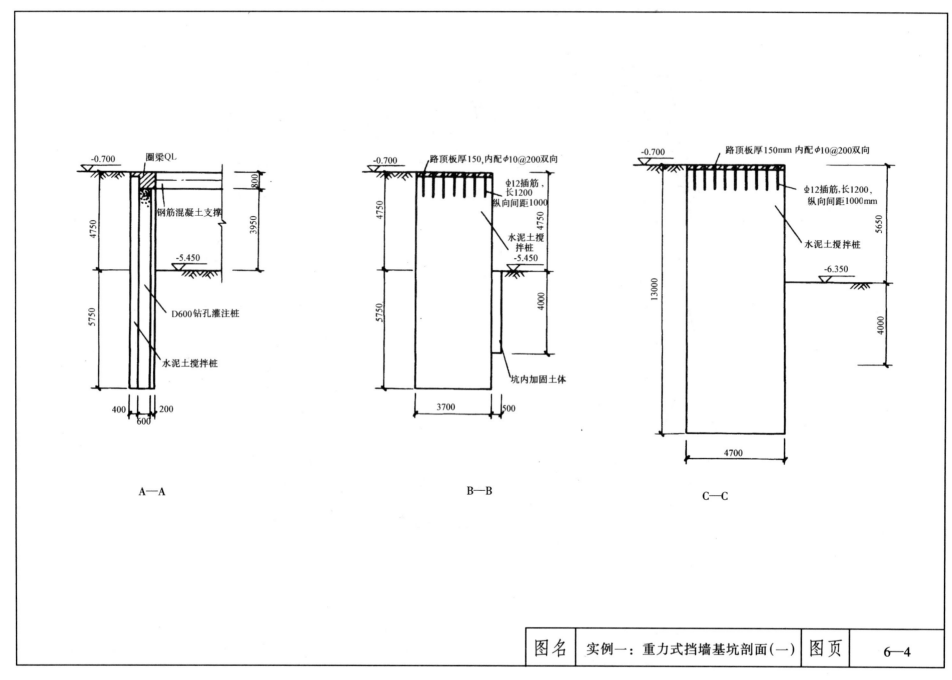

图名: 实例一：重力式挡墙基坑剖面(一)　图页 6—4

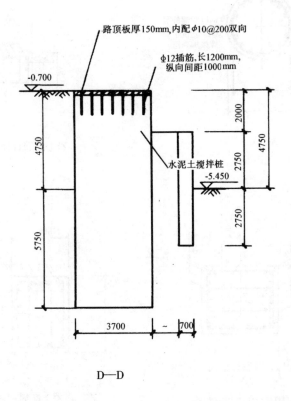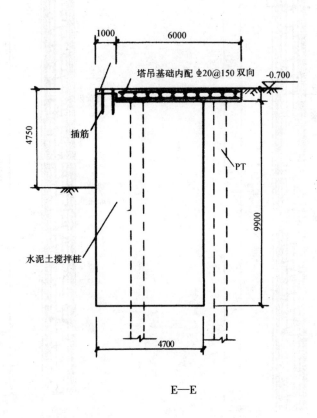

| 图名 | 实例一：重力式挡墙基坑剖面（二） | 图页 | 6—5 |

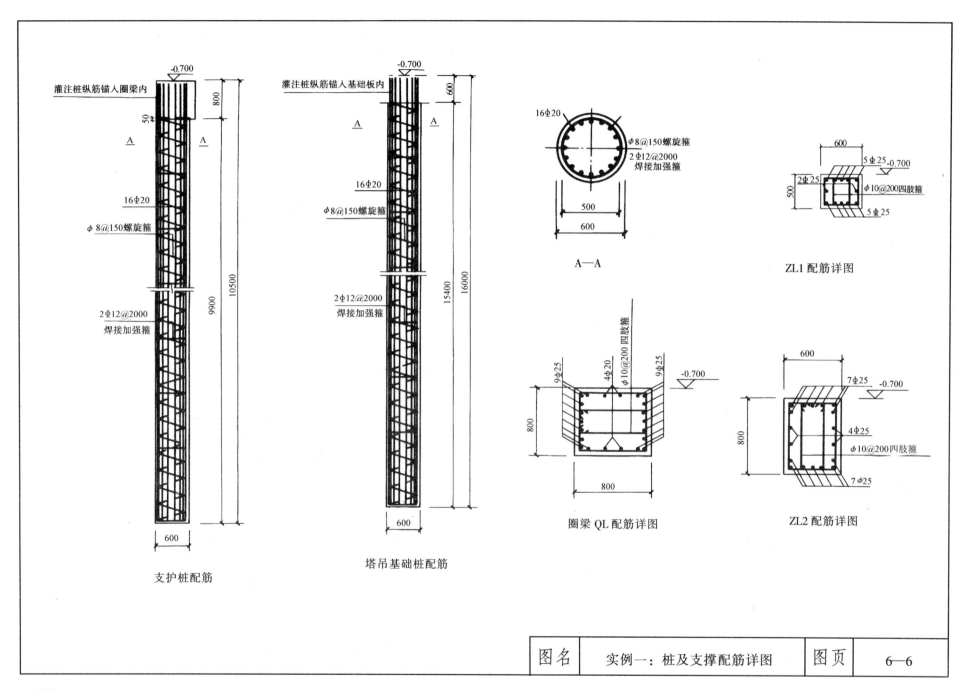

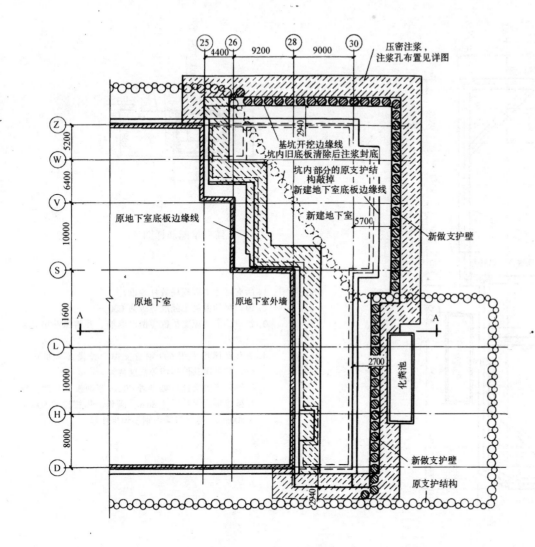

基坑支护桩及止水帷幕平面图

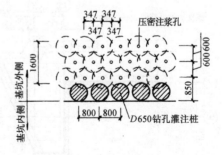

压密注浆孔布置详图

说明：1. 所有尺寸均以现场放样为准。
2. 钻孔灌注桩的混凝土强度等级为C30。
3. 压密注浆浆液采用普通硅酸盐水泥浆，水灰比0.6，浆液注入率为20%。
4. 坑外压密注浆按"先做外侧，后做内侧"的顺序施工。
5. 施工步骤如下：
 (1) 施工钻孔灌注桩。
 (2) 基坑外侧压密注浆止水。
 (3) 浇筑桩顶锁口梁；架设支撑。
 (4) 基坑开挖，清除坑内旧底板及其他障碍物。
 (5) 在基坑沿原地下室的内侧，压密注浆封底。
 (6) 坑内降水至坑底标高以下0.8m左右后，继续开挖至坑底标高。
 (7) 浇筑地下室垫层和底板。
 (8) 拆除支撑，继续地下室的施工。
6. 施工过程中应严格监测对周围临近建筑物的影响，发现异常后应及时与设计人员联系、处理。
7. 施工地面附加荷载应严格控制不超过20kN/m²。
8. 严格控制挖土深度，不得超挖。

| 图名 | 实例二：支护桩及止水帷幕平面图 | 图页 | 6—7 |

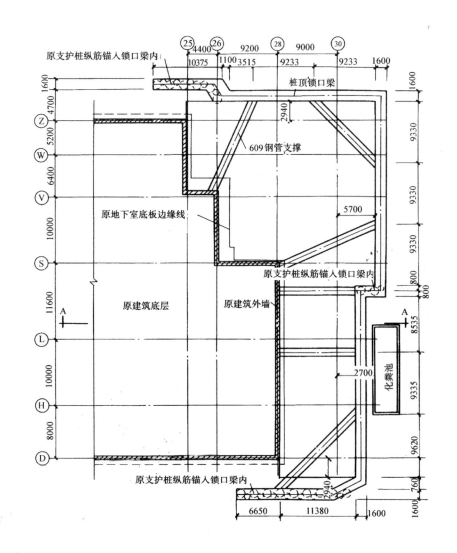

支撑平面布置图

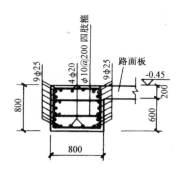

锁口梁配筋详图

说明：
1. 所有尺寸均以现场放样为准。
2. 锁口梁的混凝土强度等级为C30。
3. 锁口梁下的原支护桩应凿出纵筋，并将纵筋锚入锁口梁内。
4. 所有支撑均采用609钢管支撑，经设计人员同意后，亦可用其他型钢等强度替换。
5. 在锁口梁的支撑点处预埋20mm厚钢板，与钢支撑焊接连接，焊角尺寸8mm，满焊。钢板尺寸800mm×800mm，与锁口梁内钢筋焊接连接。

| 图名 | 实例二：支撑平面布置图 | 图页 | 6—8 |

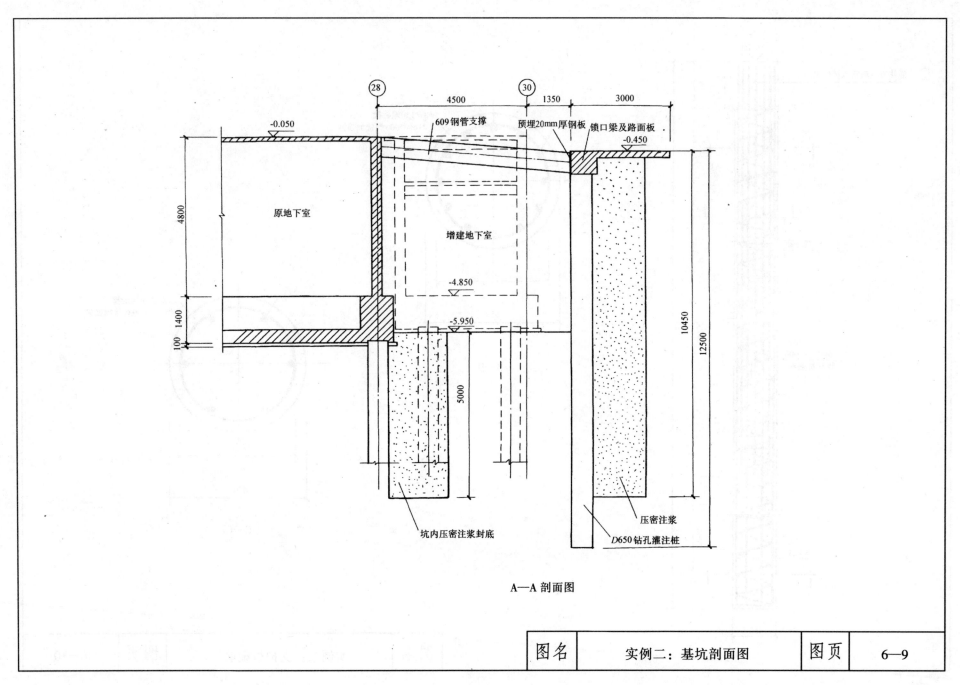

A—A 剖面图

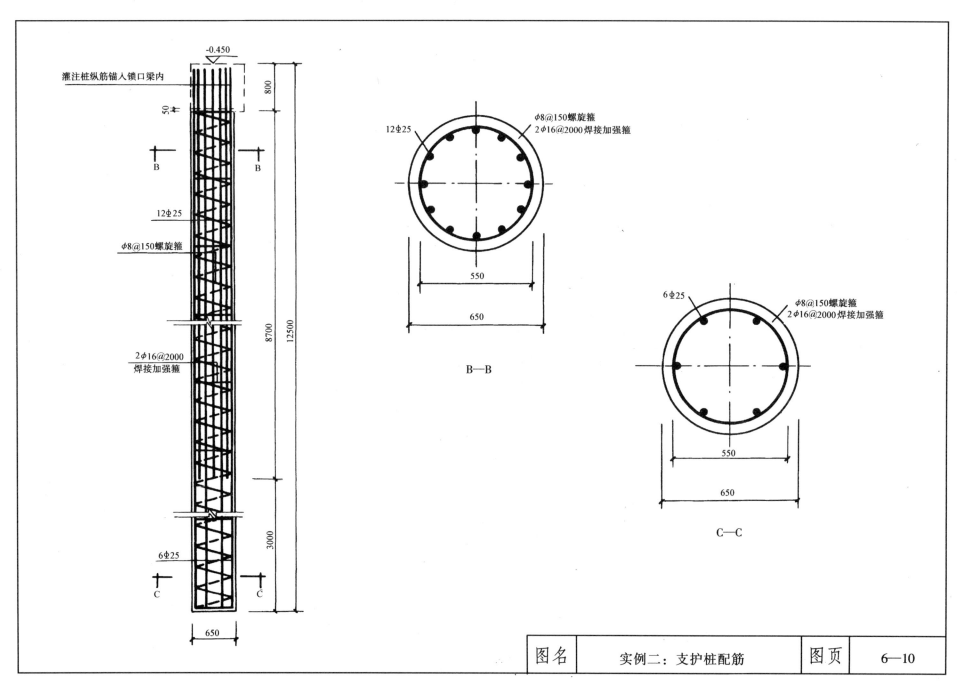

实例二：支护桩配筋 6—10

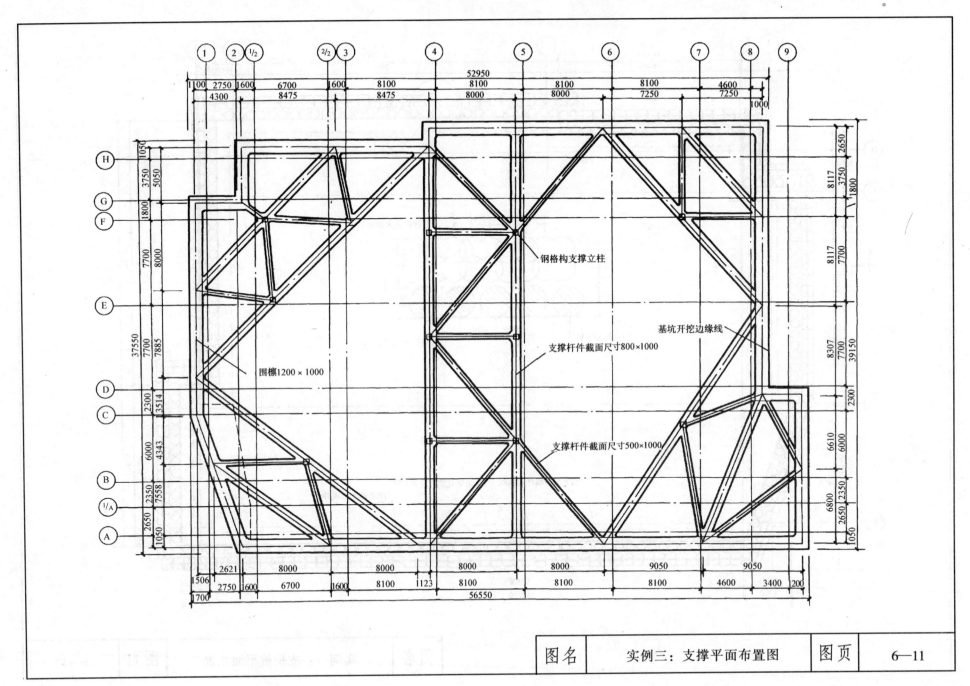

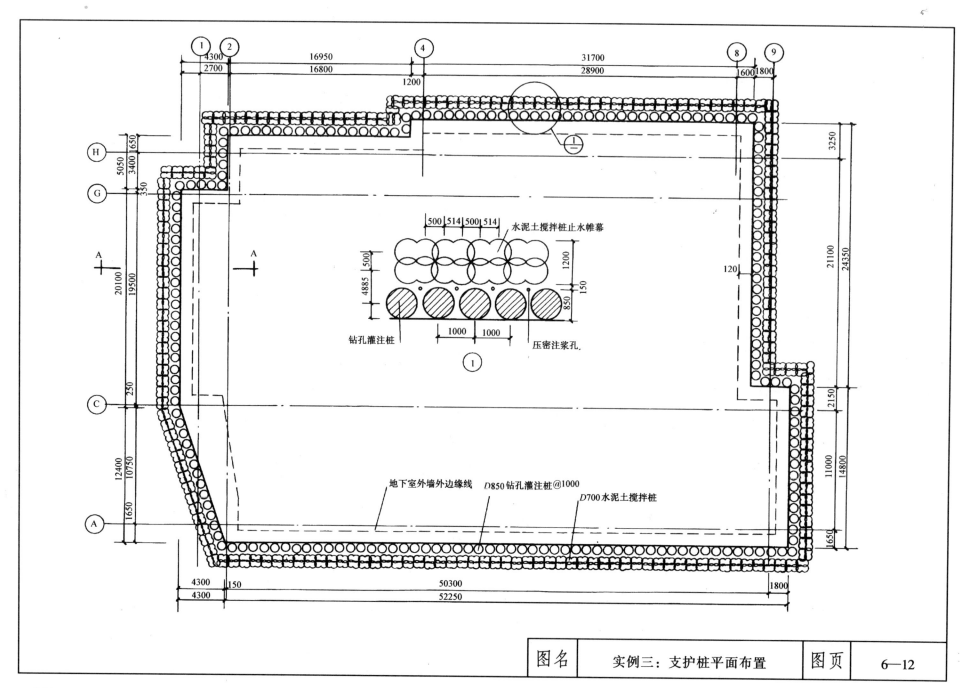

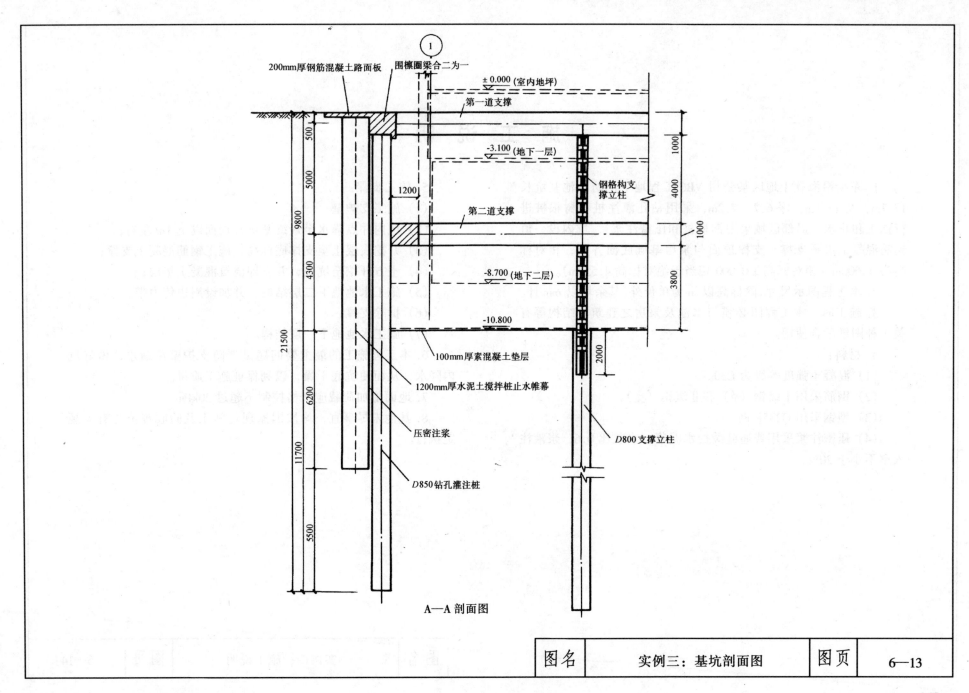

施 工 说 明

1. 东南沿海软土地区某公司 VB6 工程地下消防水池基坑长 17.7m，宽 15.5m，深 6.7~7.2m，采用钻孔灌注桩和树根桩进行挡土和止水（局部区域采用钢板桩和压密注浆），坑内设一道钢筋混凝土水平支撑，支撑顶面与泵房基础底面齐平，相对标高为-1.600m（相对标高±0.000 相当于绝对标高 4.550m）。

2. 本工程图示尺寸，除标高以 m 为单位外，其余均以 mm 计。

3. 施工时，本工程图必须与水池及泵房之建筑、结构等有关工种图纸配合使用。

4. 材料：
   (1) 混凝土强度等级为 C30。
   (2) 钢筋采用Ⅰ级钢（ϕ）和Ⅱ级钢（Φ）。
   (3) 型钢采用 Q235F 钢。
   (4) 压密注浆采用普通硅酸盐水泥浆，水灰比 0.6，浆液注入率不小于 20%。

5. 施工步骤：
   (1) 施工支护壁；
   (2) 坑内井点降水至最终基坑开挖面以下 1m 左右；
   (3) 开挖表层土至支撑底标高，施工钢筋混凝土支撑；
   (4) 土方开挖至坑底，并立即浇筑混凝土垫层；
   (5) 施工水池地下二层结构，并加设周边传力带；
   (6) 拆除支撑；
   (7) 施工水池地下一层结构。

6. 本工程施工的最主要问题是严防支护壁渗漏水，做好坑内降水，从而使坑底干燥，以利保证施工质量。

7. 地面附加荷载应严格控制不超过 20kPa。

8. 其他未尽事宜，均按国家现行施工及验收规范之有关规定执行。

图名	实例四：施工说明	图页	6—14

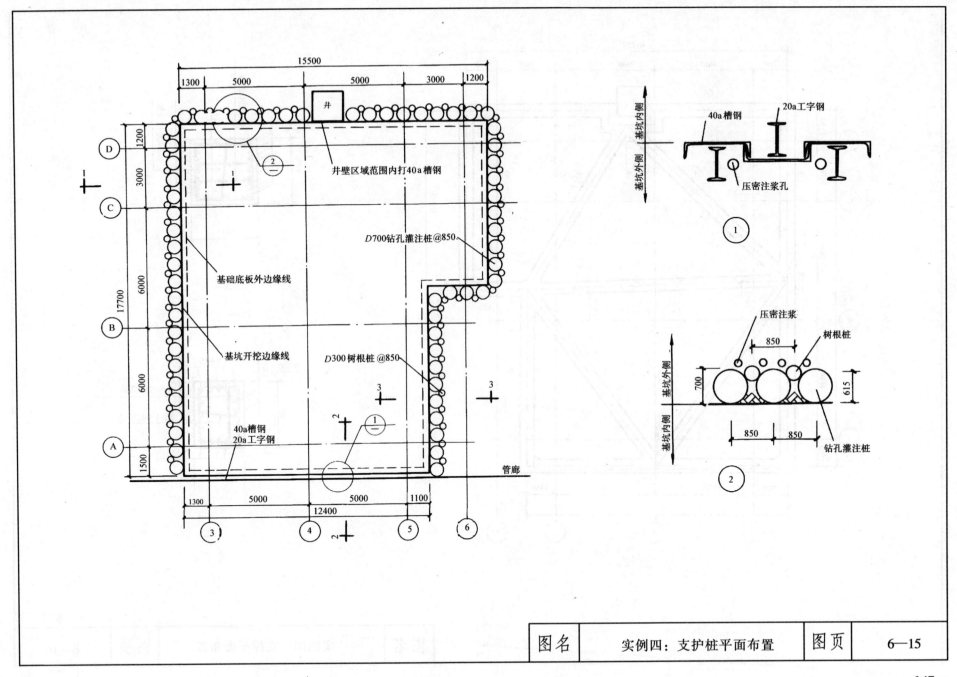

实例四：支护桩平面布置 图页 6—15

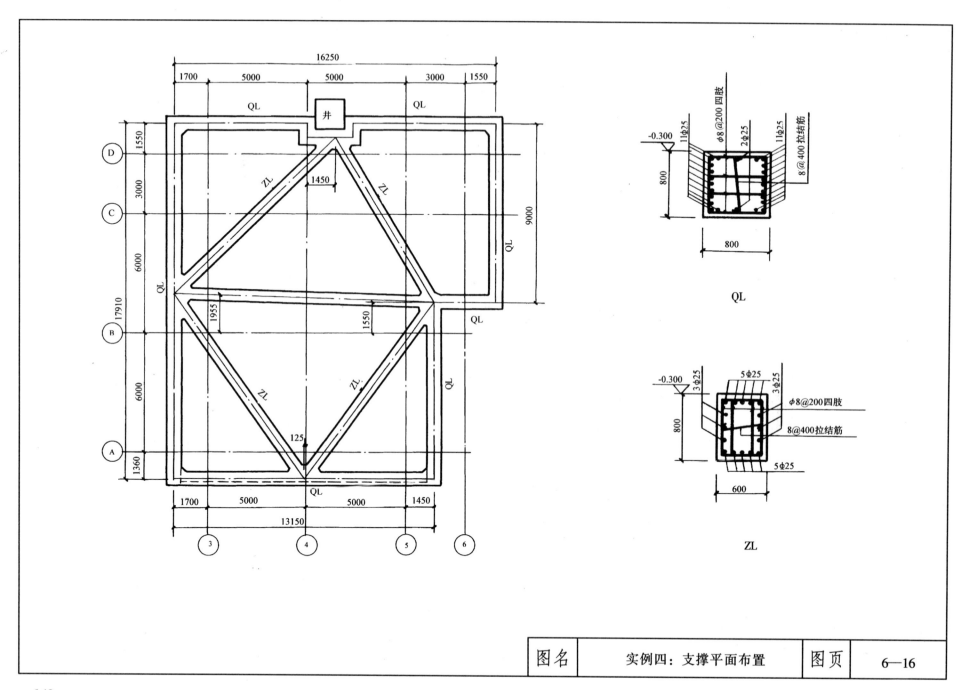

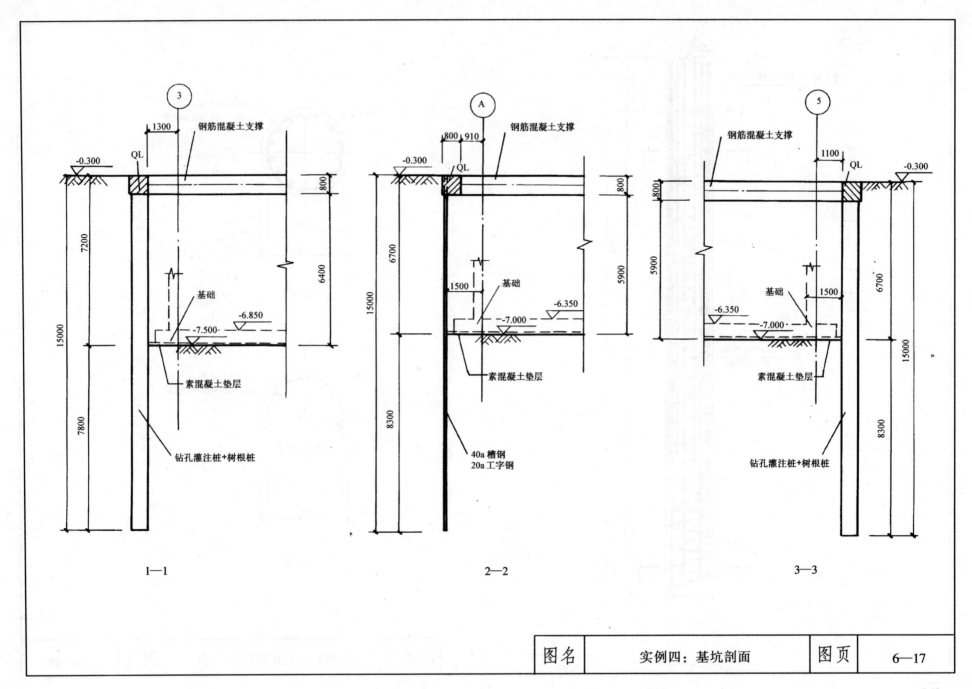

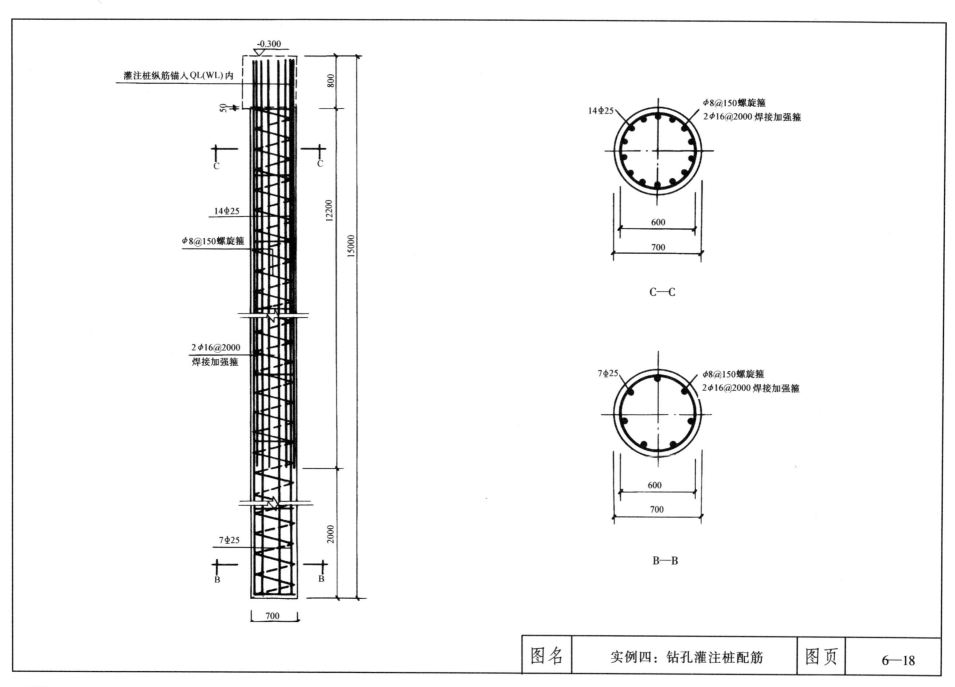

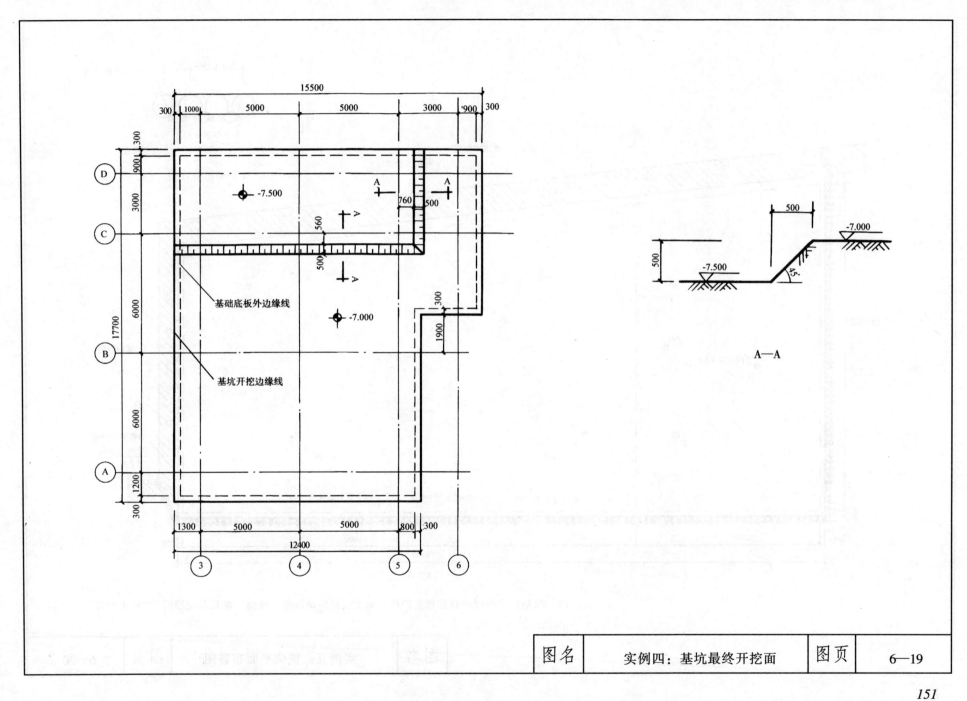

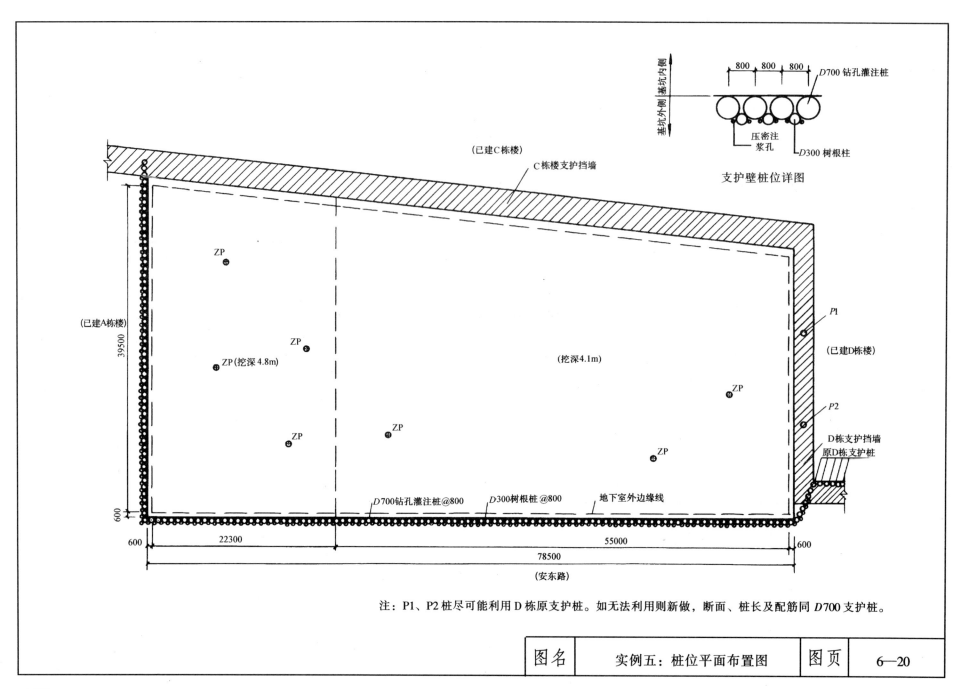

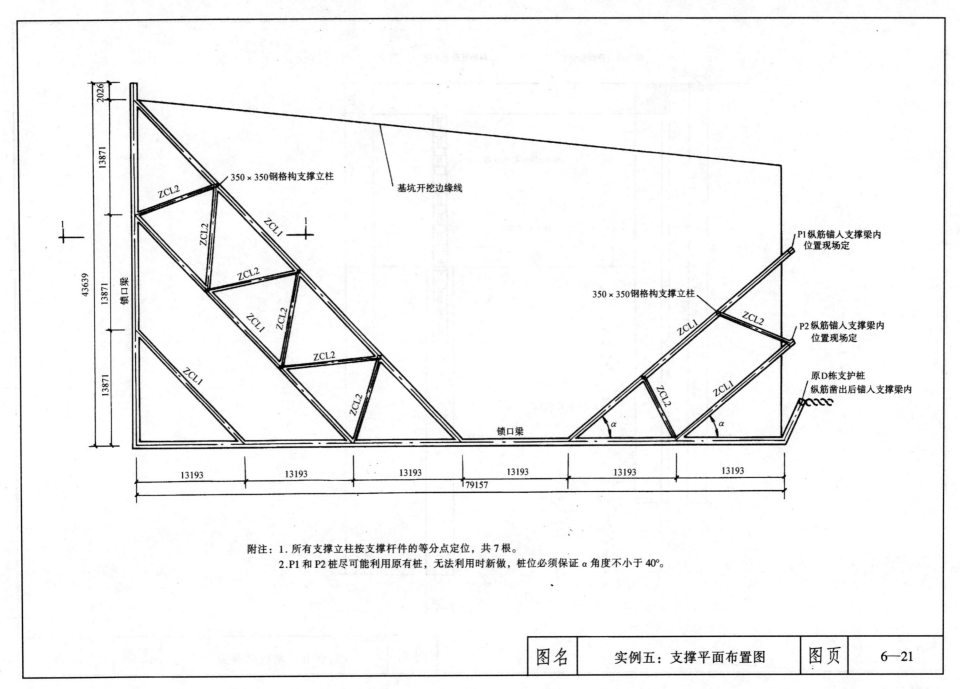

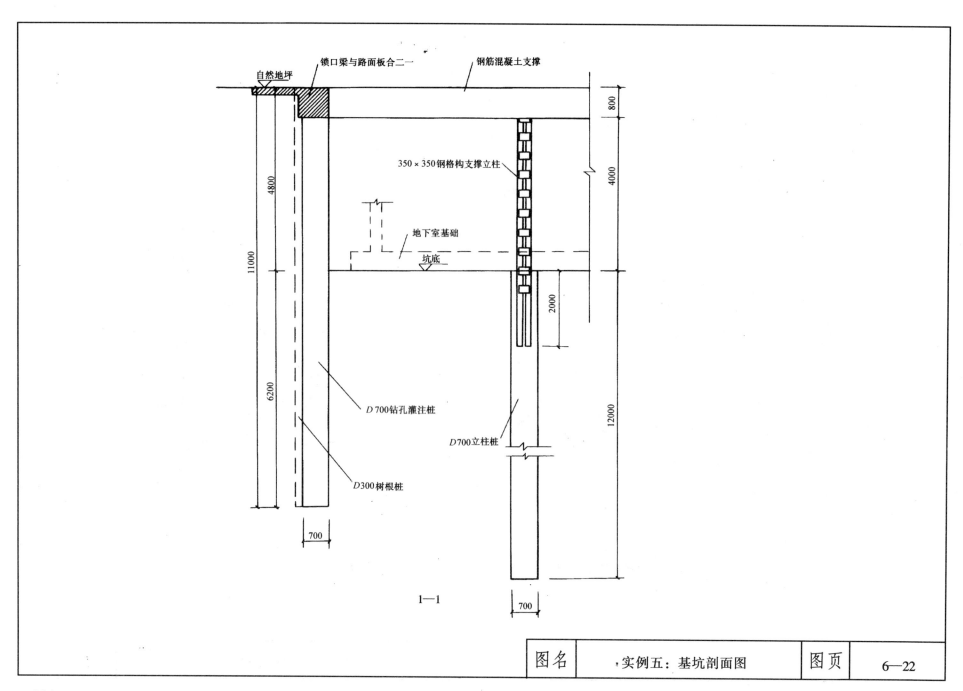

实例五：基坑剖面图   6—22

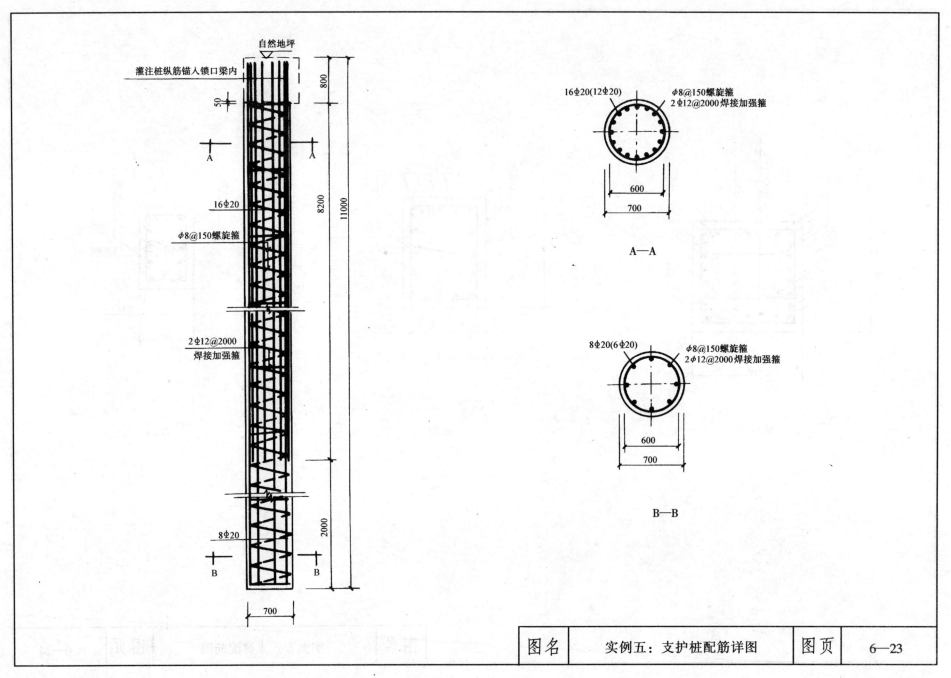

实例五：支护桩配筋详图　　图页 6—23

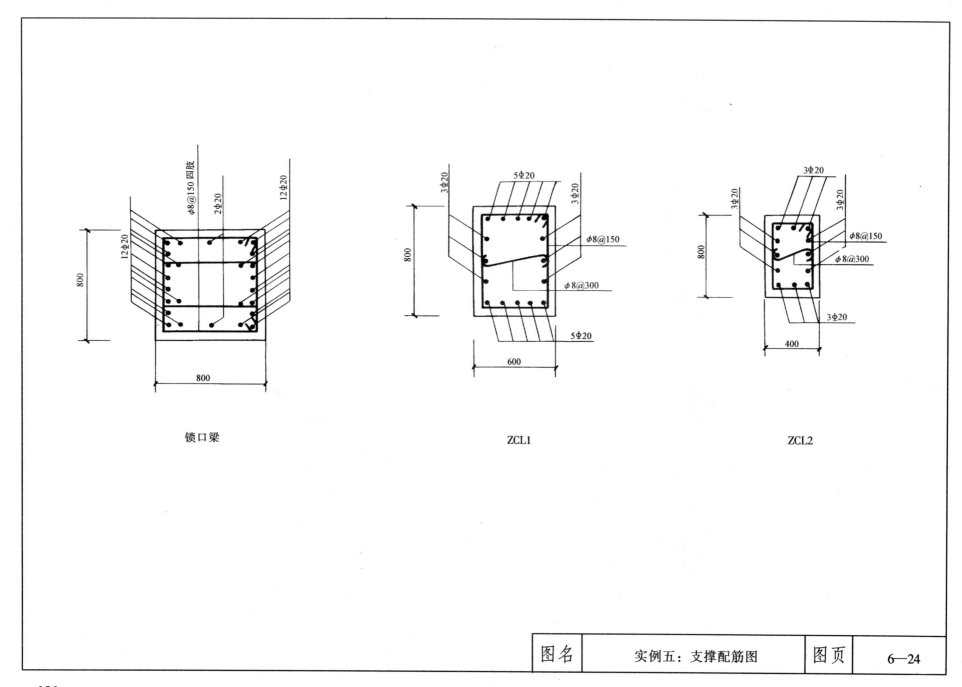

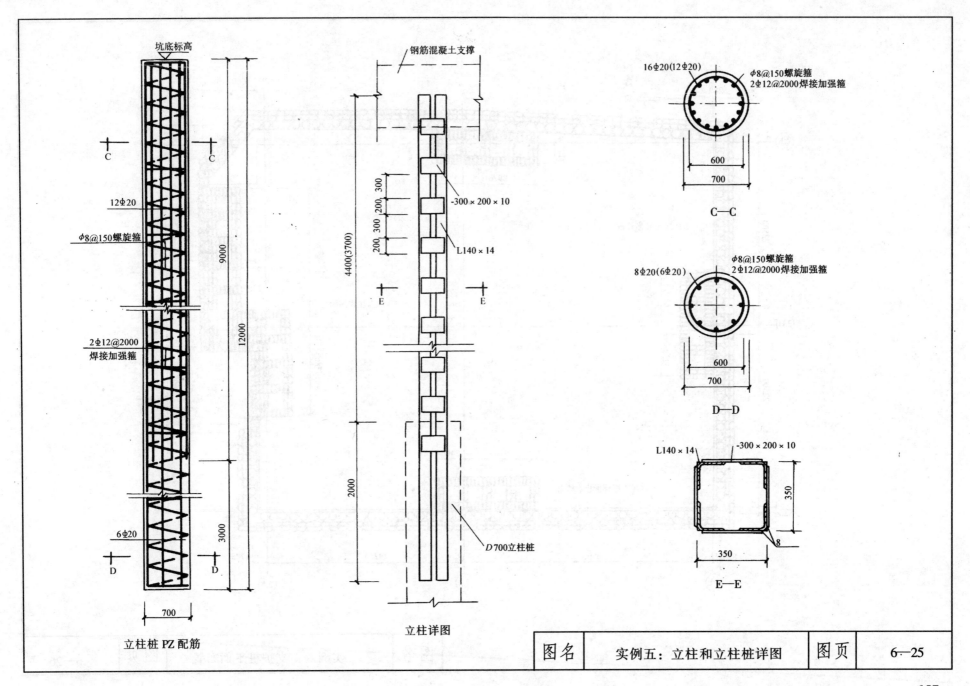

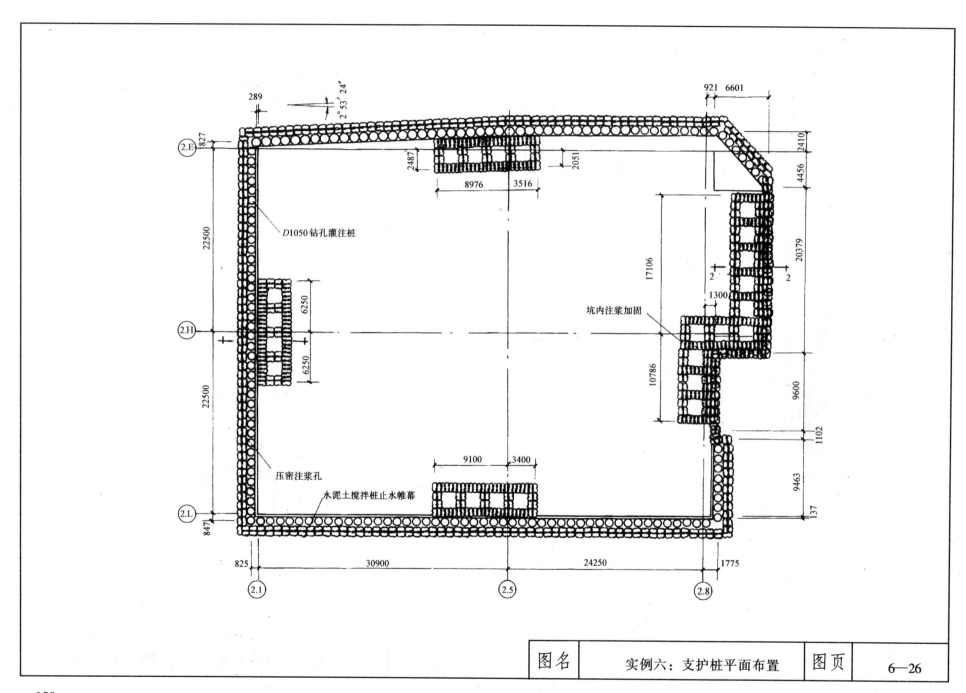

实例六：支护桩平面布置　6—26

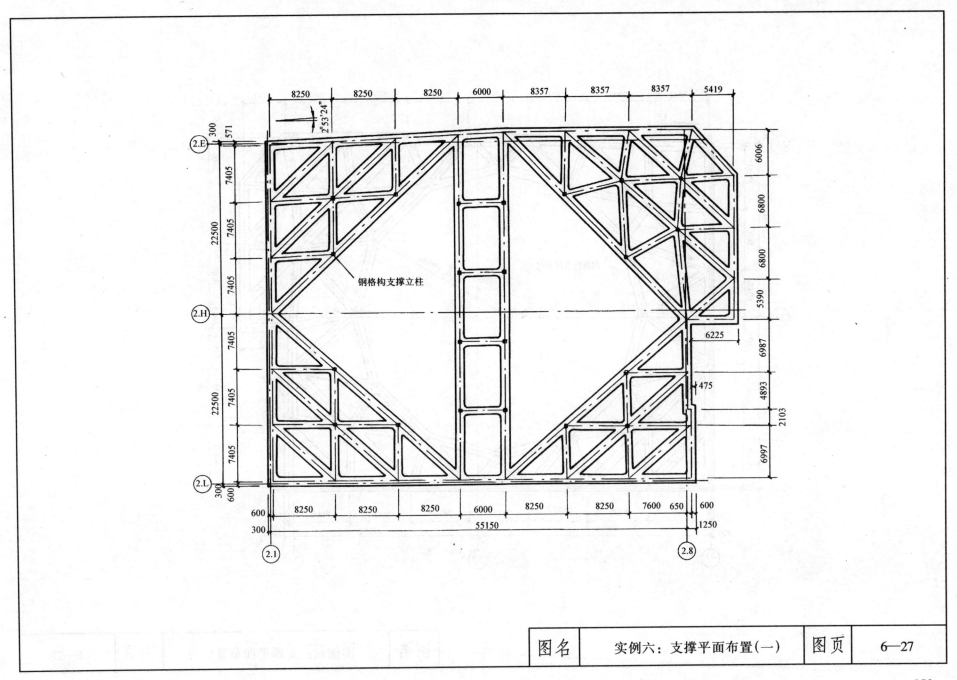

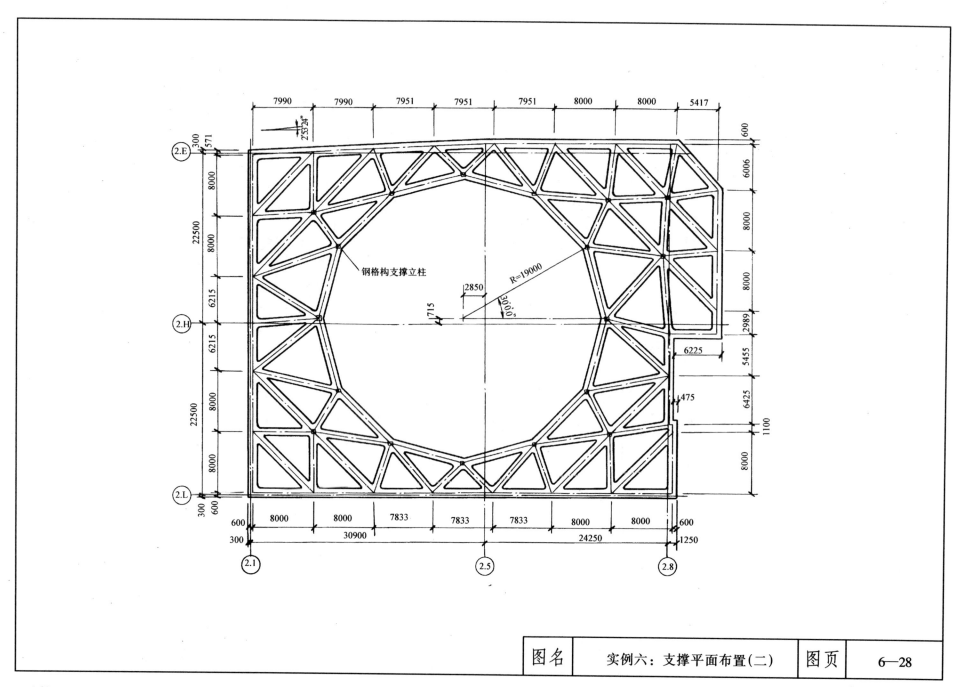

实例六：支撑平面布置(二)　　6—28

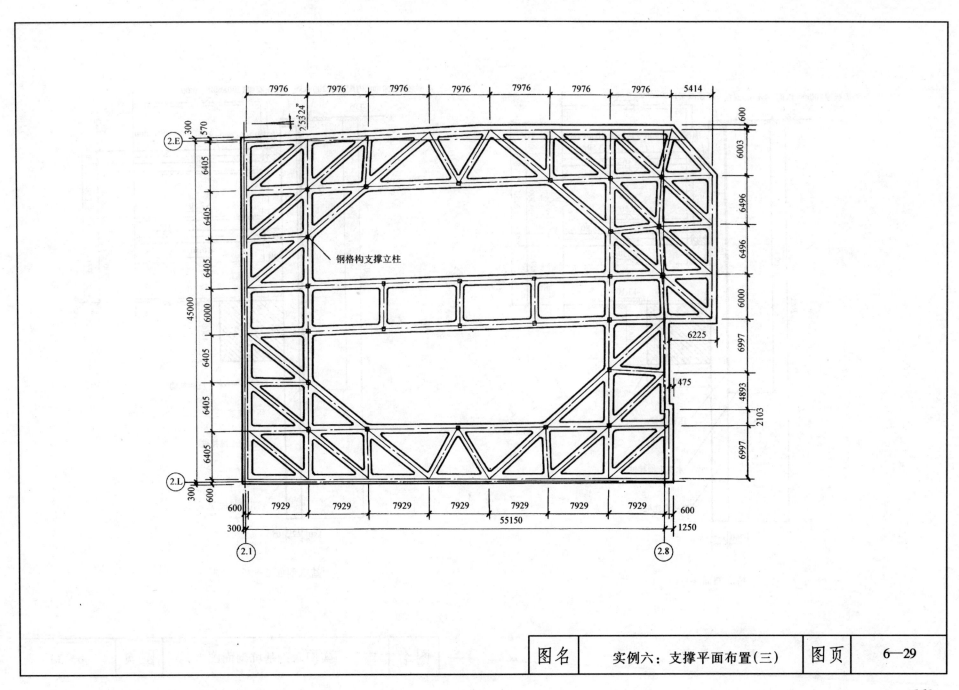

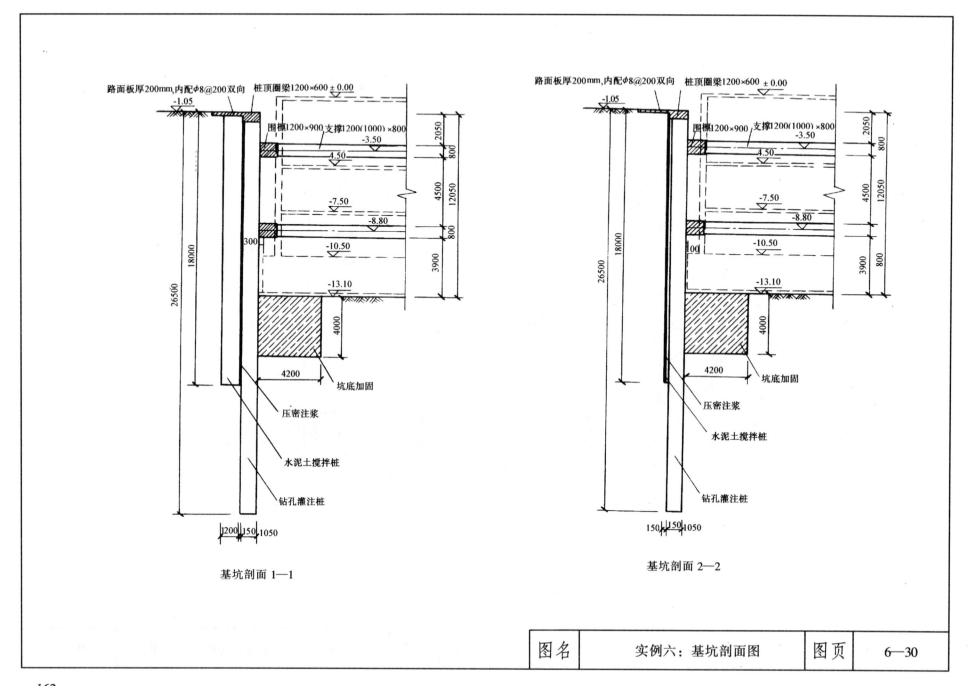

支护结构设计总说明

一、工 程 概 况

1．本工程采用土钉墙作为支护手段。
2．本工程所注标高一律为相对标高，现有场地自然地坪标高为 -1.450m。基坑开挖深度：娱乐楼处为5.85m，主楼处分别为4.65m、4.45m、5.55m和6.0m。

二、设 计 原 则

1．使用规范：
(1)《上海市地基基础设计规范》(DBJ08—11—89)；
(2)《混凝土结构设计规范》(GBJ10—89)；
(3)《基坑工程设计规程》(DBJ08—61—97)。
2．本工程按三级基坑工程设计。
3．开挖时地面允许超载为 $10kN/m^2$。
4．土钉抗拔力极限值 10～14kN/m（视土质情况而不同）。

三、土 钉 施 工

1．土钉施工参照《基坑工程设计规程》(DBJ08—61—97)中有关规定执行，钻孔定位误差小于150mm，孔斜误差小于±1°。

2．土钉与连系钢筋、网片、井字垫块应焊接牢固，焊接长度不小于30mm。

3．土钉安放完毕后，即向土钉内注入水泥浆，水泥浆水灰比0.4～0.5，注浆压力0.5～0.6MPa，水泥浆中宜加入速凝剂等外加剂以促进早凝和控制泌水。

4．每米土钉注浆量控制在40L以上，特别是杂填土和软弱土层应加大注浆量。

5．喷射混凝土厚度为80～100mm，强度为C20，水灰比0.4～0.5，粗骨料粒径5～10mm，水泥选用42.5普通硅酸盐水泥。钢筋网片选用$\phi6.5$线材，网片间距为150mm×150mm～200mm×200mm。

6．喷射混凝土终凝后2h，应根据现场条件，采取连续喷水养护5～7d，或喷涂养护剂。

四、施工及开挖要求

1．土钉施工采用从上到下分层施工工艺。
2．土方开挖需配合土钉施工作业，做好开挖方案。
3．本基坑大部分分4层开挖，娱乐楼及主楼东侧分5层开挖。
4．土方工程应根据土钉墙施工要求进行分层开挖，每层开挖深度详见土钉墙剖面图，如遇深坑应采取局部加固措施。
5．挖机挖土后，应马上进行人工修整，修整后的边坡必须平整。

| 图名 | 实例七：支护结构设计总说明 | 图页 | 6—31 |

并达到设计坡度要求。

6．挖土必须配合土钉墙施工，开挖深度和开挖顺序严格按照土钉施工要求进行，严禁超挖，每层开挖完毕应及时进行土钉施工。

7．上层土钉墙施工完毕，且混凝土强度达到要求后方可进行下一层土的开挖。

五、基坑降水

1．基坑采用井点降水，降水在基坑开挖前 5~7d 开始，要求降至开挖面下 0.5m。

2．坑外：做好地面排水工作，避免地表水进入坑内；坑内：基坑开挖至每层作业面，应做好排水工作。

六、施工监测

1．监测内容：
(1) 墙顶水平位移；(2) 墙顶沉降；(3) 土体侧向变形；
(4) 墙体变形；(5) 坑底隆起；(6) 坑外地下水位；
(7) 周围建筑物沉降和倾斜；(8) 周围地下管线的位移。

2．要求保持监测的连续性，进入关键施工工序时应增加监测的频率，并及时整理、分析原始数据，一旦出现危害工程安全的趋势，及时发出报警，以便及时采取紧急措施。

3．应特别加强雨天和雨后的监测，并对可能危害支护结构安全的水害来源进行仔细观察，并采取应急措施。

七、其 他

1．本说明未提及部分均参照现行的《混凝土结构工程施工及验收规范》（GB50204—92），《地基与基础施工及验收规范》（GBJ202—83），以及上海市标准《地基处理技术规范》（DBJ08—40—94）。

2．基底的深坑、高差部分、周边将根据实际情况进行注浆或其他特殊方法处理，靠近基坑边的深坑，建议先浇筑底板，然后进行深坑开挖。

3．拉锚距离 L 应大于 1.5m，在场地条件允许情况下应尽量加长。

| 图名 | 实例七：支护结构设计总说明 | 图页 | 6—32 |

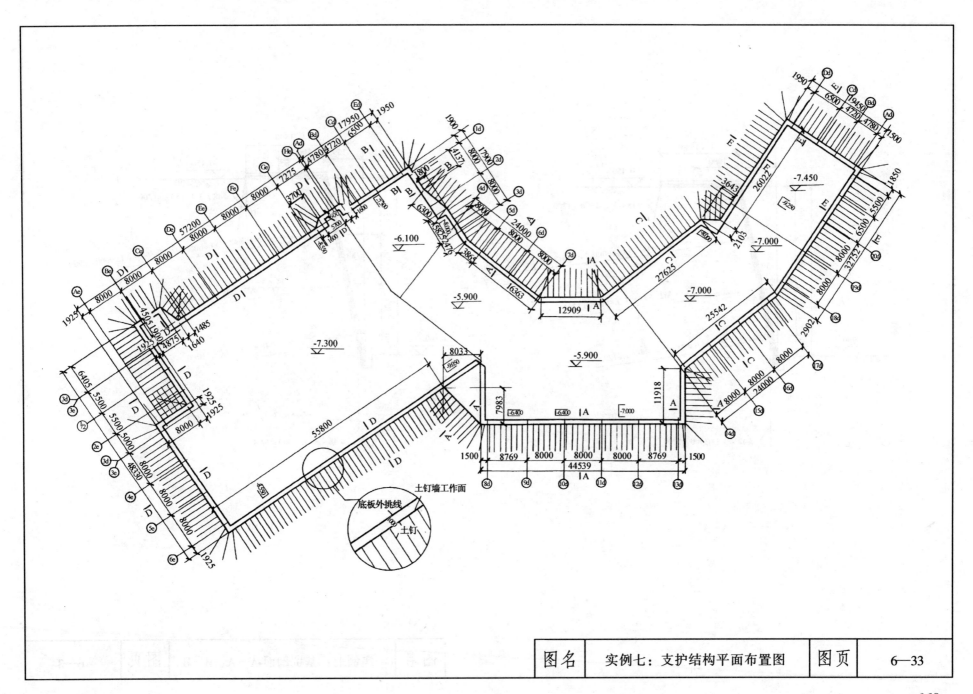

| 图名 | 实例七：支护结构平面布置图 | 图页 | 6—33 |

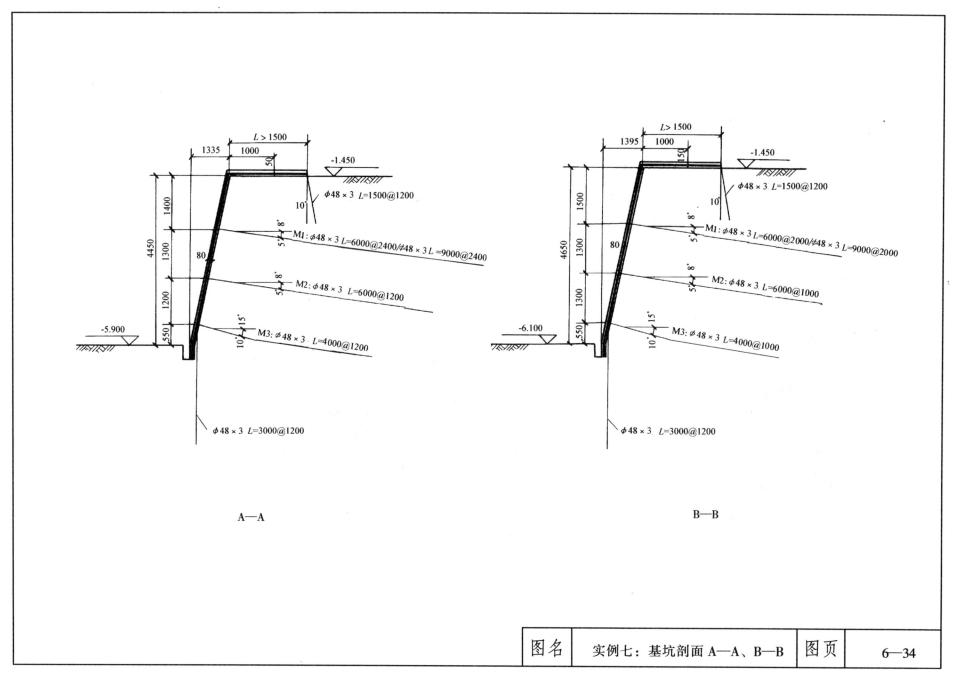

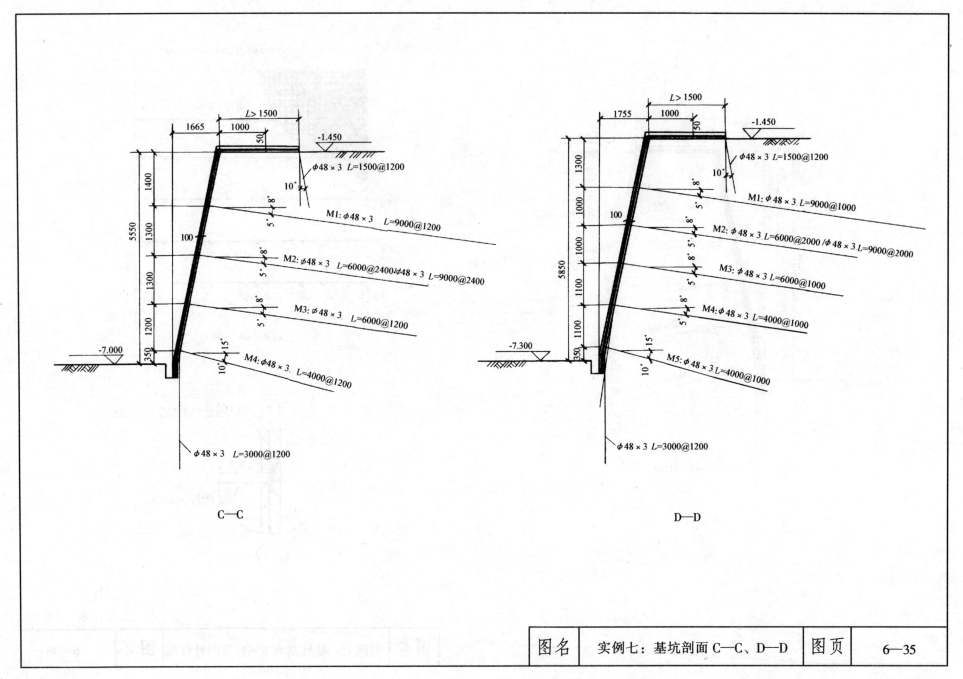

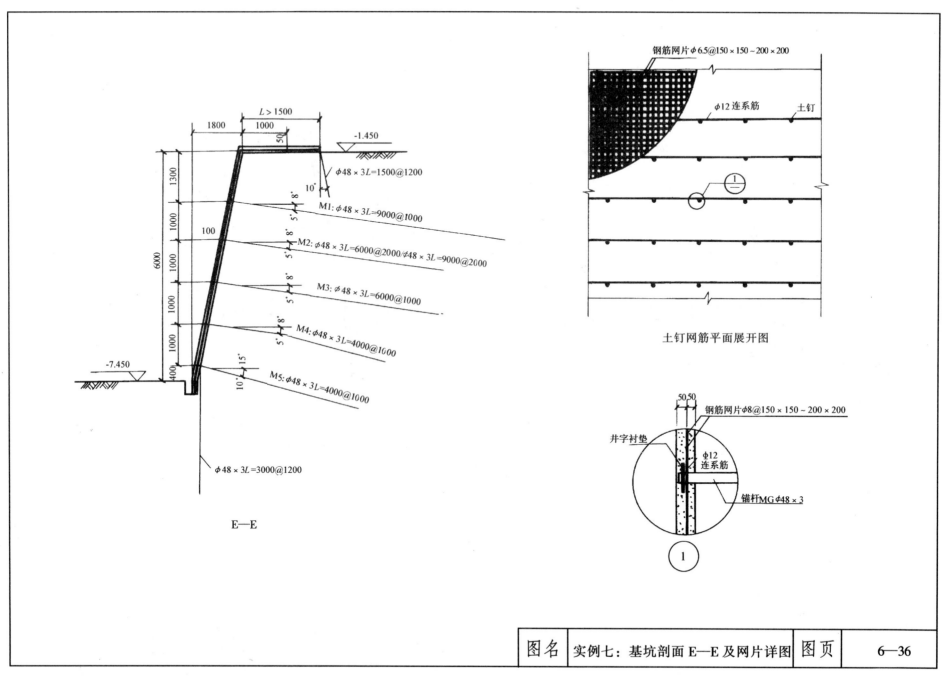

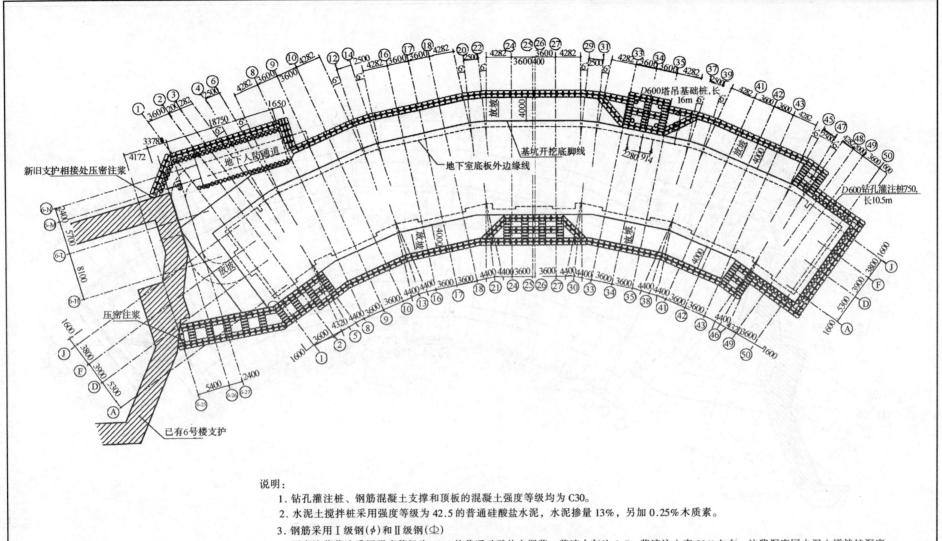

说明：
1. 钻孔灌注桩、钢筋混凝土支撑和顶板的混凝土强度等级均为C30。
2. 水泥土搅拌桩采用强度等级为42.5的普通硅酸盐水泥，水泥掺量13%，另加0.25%木质素。
3. 钢筋采用Ⅰ级钢(ϕ)和Ⅱ级钢($\oplus$)
4. 压密注浆浆液采用强度等级为42.5的普通硅酸盐水泥浆，浆液水灰比0.7，浆液注入率20%左右，注浆深度同水泥土搅拌桩深度。
5. 除了塔吊基础和混凝土泵车位置外，基坑周边地面附加荷载应严格控制，不得超过20kN/m²。
6. 施工中应遵守现行的各项规范之规定，其他未尽事宜，设计交底时解决。

| 图名 | 实例八：支护桩平面布置 | 图页 | 6—37 |

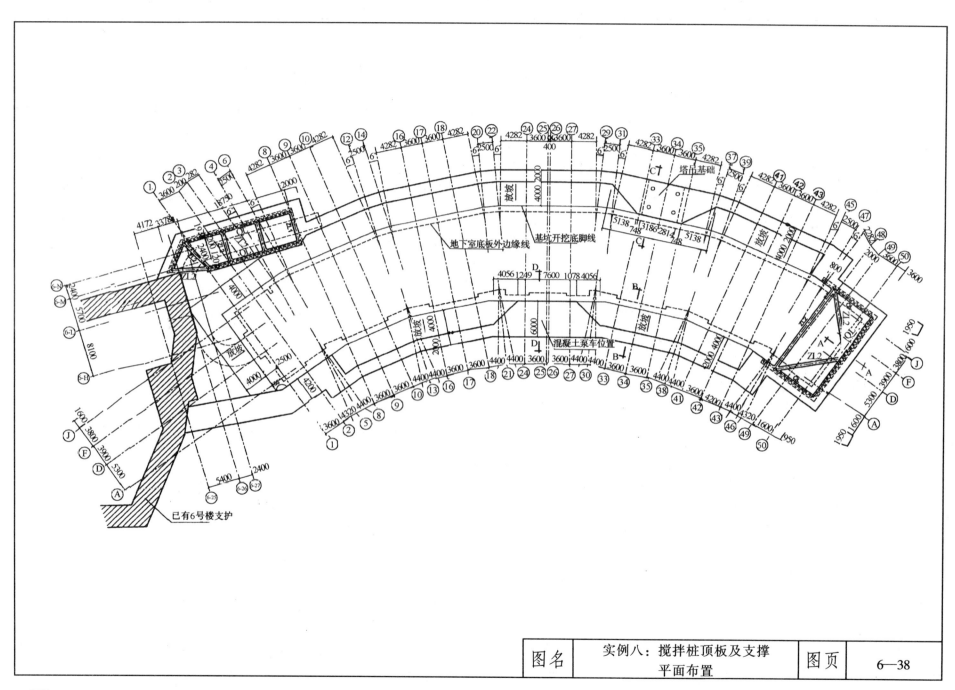

实例八：搅拌桩顶板及支撑平面布置 6—38

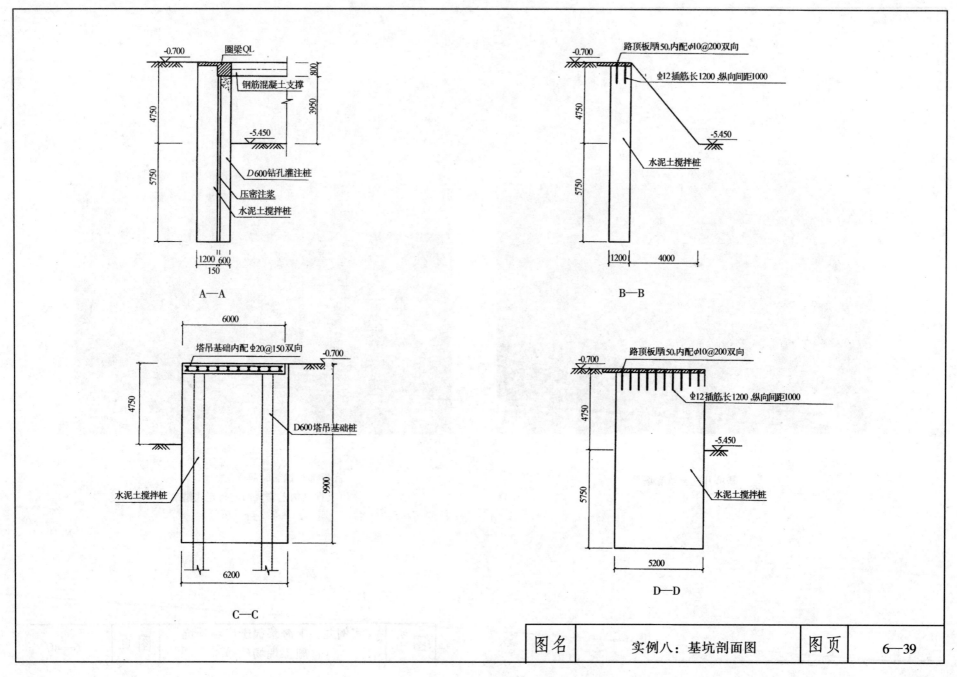

基坑开挖至坑底场景

底板绑扎钢筋时的全景
（支撑结构上安放两台行走式塔吊）

图名	实例九：上海莱福士广场基坑施工现场（一）	图页	6—40

绑扎钢筋详图

下坡栈桥详图

注：1. 基坑平面尺寸：130m×90m；
2. 施工结构由同济大学徐伟教授主持设计，上海市第一建筑工程公司施工总承包。

| 图名 | 实例九：上海莱福士广场基坑施工现场（二） | 图页 | 6—41 |

施工现场全景

开挖最后的坑内土体

| 图名 | 实例九：上海火车站南广场地下车库施工（一） | 图页 | 6—42 |

基坑底板钢筋施工

支撑节点

注：本工程由上海地下建筑设计院设计。

| 图名 | 实例九：上海火车站南广场地下车库施工(二) | 图页 | 6—43 |

钢筋混凝土底板浇筑完成爆破拆除第三道支撑时的全景

爆破后的第三道支撑

| 图名 | 实例九：上海浦项广场基坑施工(一) | 图页 | 6—44 |

正在施工的地下室结构

地下19.60m深坑区域挖土及部分完成素混凝土浇筑的情景

注：本工程施工结构由同济大学徐伟教授主持设计，中国建筑第八工程局施工总承包。

| 图名 | 实例九：上海浦项广场基坑施工（二） | 图页 | 6—45 |

基坑挖土接近尾声

浇筑素混凝土垫层

| 图名 | 实例九：上海爱俪园大厦基坑施工现场（一） | 图页 | 6—46 |

绑扎底板钢筋

支撑结构及支护壁一角

| 图名 | 实例九：上海爱俪园大厦基坑施工现场（二） | 图页 | 6—47 |

与北侧基坑相距 6.0m

与南侧基坑相距 4.0m

注：本工程施工结构由同济大学徐伟教授主持设计，上海住总集团总承包施工。

| 图名 | 实例九：上海爱俪园大厦基坑施工现场（三） | 图页 | 6—48 |

浇筑完垫层后的现场全景

挖土车辆下基坑的车道

| 图名 | 实例九：上海浦东民航大厦基坑施工（一） | 图页 | 6—49 |

车道全景

塔吊与基础的关系

| 图名 | 实例九：上海浦东民航大厦基坑施工(二) | 图页 | 6—50 |

中间深坑绑扎钢筋

不同标高底板的钢筋绑扎

注：本工程施工结构由同济大学徐伟教授主持设计，上海市第二建筑工程公司承包地下室结构和上部结构施工。

图名	实例九：上海浦东民航大厦基坑施工(三)	图页	6—51

基坑挖土施工使用的土栈桥

逐渐从栈桥底部向上退出施工

| 图名 | 实例九：上海万都大厦基坑施工（一） | 图页 | 6—52 |

栈桥两侧挖土

加固塔吊基础，清除桩顶的劣质混凝土段

| 图名 | 实例九：上海万都大厦基坑施工(二) | 图页 | 6—53 |

土栈桥被挖去一半时的情景

搭设施工人行栈桥

| 图名 | 实例九：上海万都大厦
基坑施工(三) | 图页 | 6—54 |

绑扎基坑底板钢筋

清理土栈桥的最后部分土体

注：1. 基坑平面尺寸：120m×110m；
2. 本工程施工结构由同济大学徐伟教授主持设计，上海市佳乐建设发展公司承包地下室结构施工。

| 图名 | 实例九：上海万都大厦基坑施工(四) | 图页 | 6—55 |

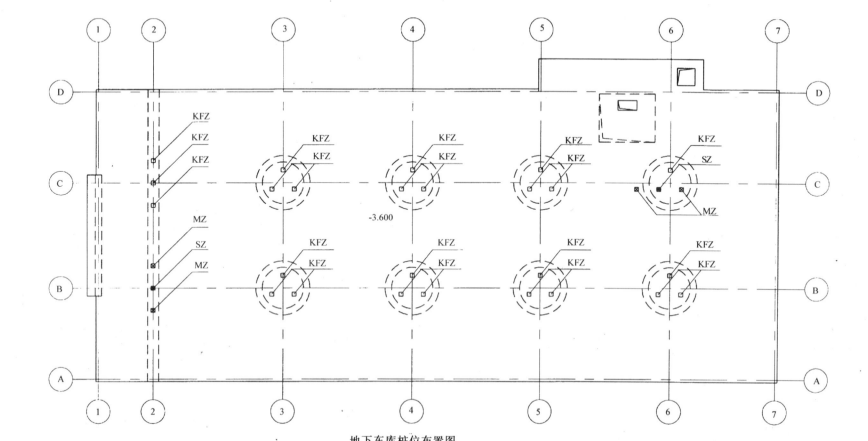

地下车库桩位布置图

说明：

1. 图中抗浮桩（KFZ）25根，采用 ZH 25 12B，试桩（SZ）2根，锚桩（MZ）4根，均采用 JZH-225-512B；
2. 图中 KFZ，SZ，MZ 混凝土强度等级均为 C30；
3. 图中抗浮桩截面配筋见图集 97G361，抗浮桩单桩抗拔力设计值为 170kN，极限值为 340kN；
4. KFZ 桩顶相对标高-4.400m，桩端相对标高-16.4m，SZ 桩和 MZ 桩桩顶相对标高 0.600m，桩端相对标高-16.4m；
5. 打完桩 28d 后做两组试桩，试桩截面配筋 4⌀22，具体做法待试桩单位确定以后再行调整；
6. 两组试桩都做小应变试验；
7. 打桩以标高和贯入度（10击不大于3cm）进行控制。

| 图名 | 实例十：地下车库桩位布置图 | 图页 | 6—56 |

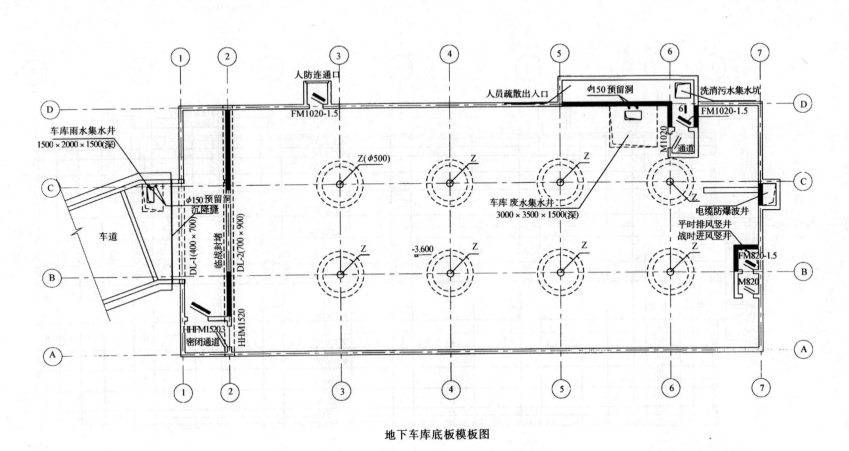

地下车库底板模板图

说明：1. 地下车库底板厚500mm，车道底板厚350mm；
2. 图中涂黑墙体是临空墙。

| 图名 | 实例十：地下车库底板模板图 | 图页 | 6—57 |

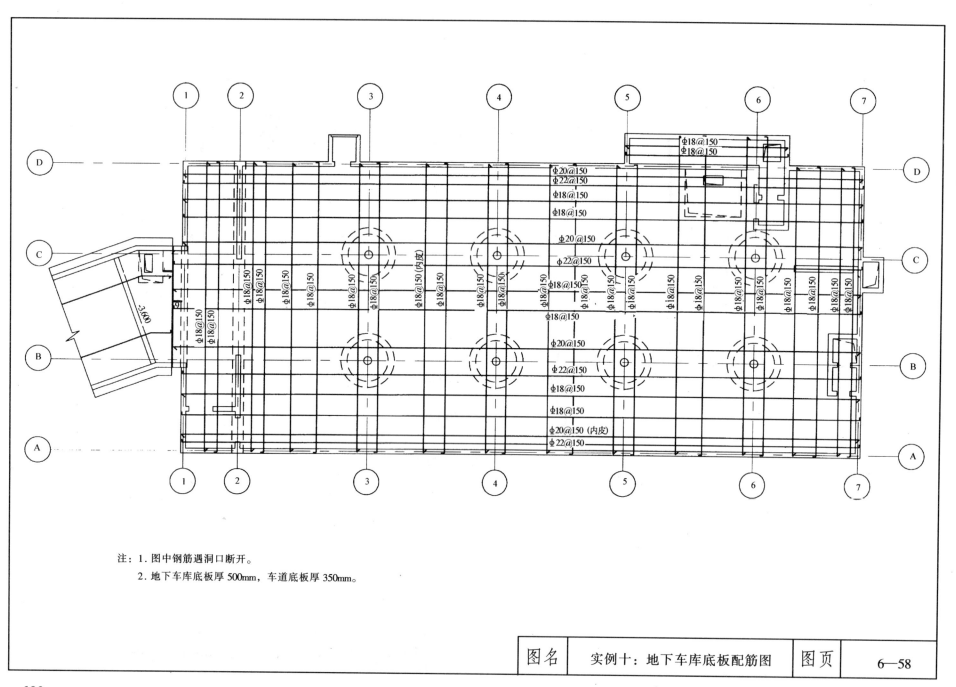

注：1. 图中钢筋遇洞口断开。
2. 地下车库底板厚500mm，车道底板厚350mm。

| 图名 | 实例十：地下车库底板配筋图 | 图页 | 6—58 |

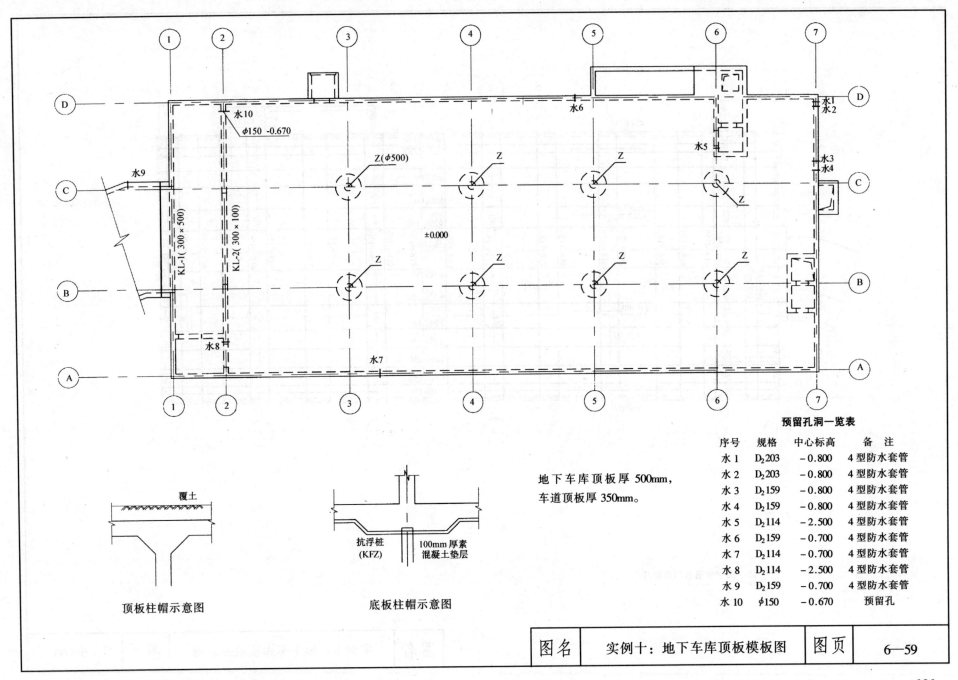

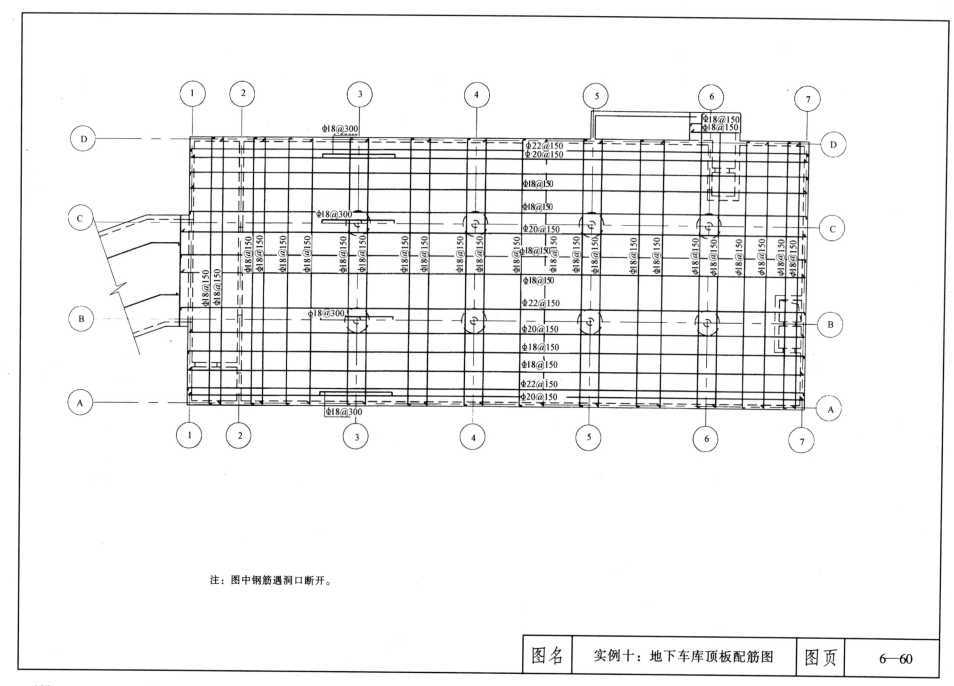

注：图中钢筋遇洞口断开。

| 图名 | 实例十：地下车库顶板配筋图 | 图页 | 6—60 |

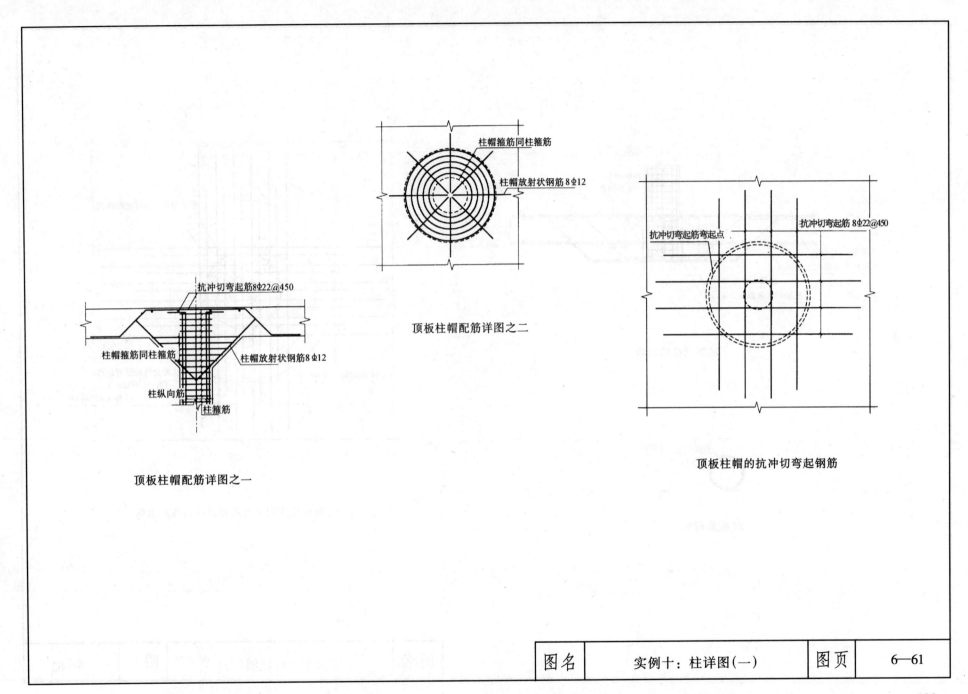

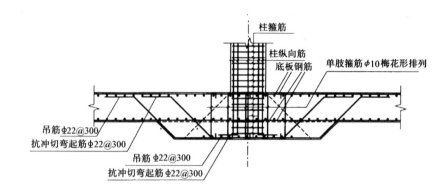

底板反柱帽配筋

Z1配筋截面

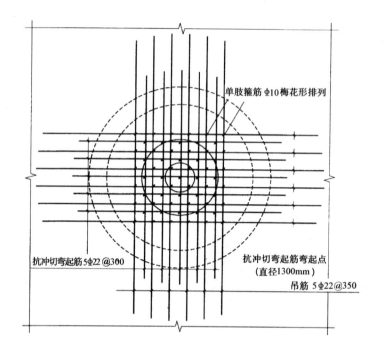

底板反柱帽的吊筋和抗冲切弯起钢筋

| 图名 | 实例十：柱详图(二) | 图页 | 6—62 |

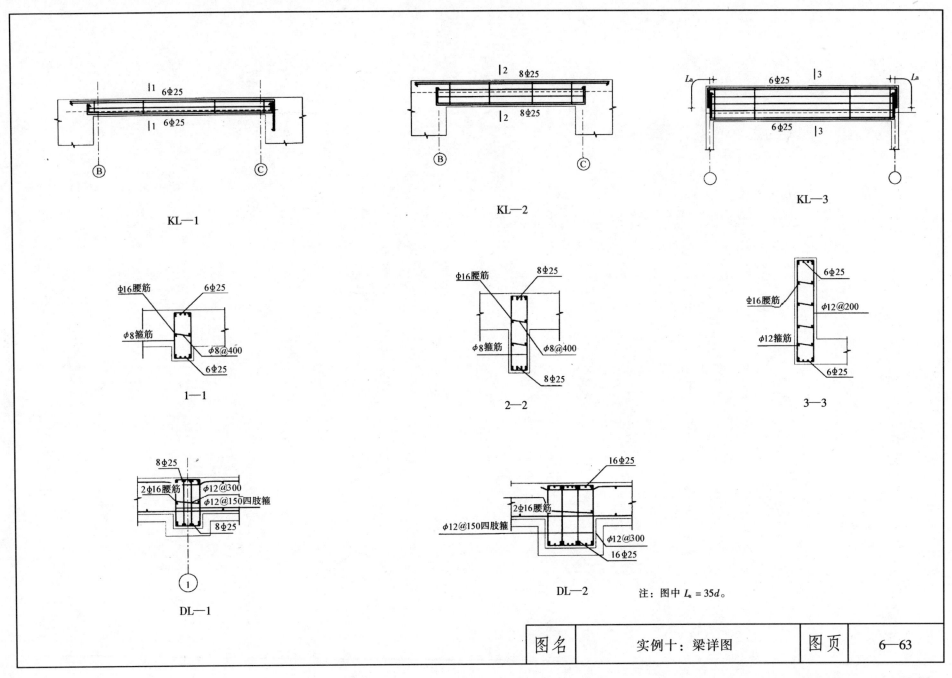